JN100968

ヤマハルーター＆スイッチによる
ネットワーク構築
標準教科書
YCNE Standard★★ 対応

のびきよ [著]
ヤマハ株式会社 [監修]

参考文献

ヤマハ株式会社　公式サイト　製品情報ページ
https://network.yamaha.com/products

本書サポートサイト

https://book.mynavi.jp/supportsite/detail/9784839980306.html

◎付録の使い方

本書には付録があります。付録を利用するためには、ブラウザでzipファイルをダウンロードする必要があります。このため、パソコンとインターネット環境が必要です。

上記のURLからダウンロード可能です。

zipファイルを解凍すると、次の2種類の付録を利用できます。

① URL一覧

本書の中で説明しているURLの一覧です。「URL一覧.txt」ファイルに記載しています。コピーしてブラウザのアドレスに張り付けて使ってください。

② 初期コンフィグ

YNOのゼロコンフィグで必要な初期コンフィグの例です。「config.txt」ファイルに記載しています。本書を参考に、必要箇所を書き換えて使ってください。

はじめに

　本書は、ネットワークの構築・運用に必要な技術や設定について、学習される方を対象にしています。

　また、YCNE(Yamaha Certified Network Engineer) Standard ★★に対応しています。

　本書では、IP アドレス、サブネット、VLAN などの基礎を理解している前提として、ネットワークの構築と運用で必要となる技術や設定を中心に説明しています。

　最初は、RIP や OSPF、VRRP など構築に必須の技術、NTP や SNMP など運用に必須の技術について説明しています。

　また、ネットワーク構成の例を示し、これら技術を使った設計の検討内容や設定について、シミュレーション形式で説明しています。

　LAN 分割機能、マルチプル VLAN、QoS、L2MS など構築と運用で利用する多くの機能と設定について説明しています。ネットワークではセキュリティ対策も必須となるため、フィルタリングや VPN、認証といったセキュリティ関連の機能と設定についても説明しています。

　本書により、ネットワークの構築・運用に必要な技術や設定について理解が深まるとともに、YCNE Standard ★★試験合格の近道となることを願っています。

2022年 7月　のびきよ

アイコンの説明

本書では、以下のアイコンを使っています。

デスクトップ
パソコン　　ノートブック
パソコン　　サーバー　　スマートフォン

電話機　　L2スイッチ　　L3スイッチ　　ルーター

無線LAN
アクセスポイント　　ONUなど　　ファイアウォール
UTM

包括的言語の利用について

ヤマハでは、包括的言語の利用を促進しています。このため、今後は以下のように
用語の変更が行われることになっており、本書でもその方針にしたがって用語を利用
しています。

機能	変更前	変更後
クラスター管理	マスター AP	リーダー AP
	スレーブ AP	フォロワー AP
スタック	マスタースイッチ	メインスイッチ
	スレーブスイッチ	メンバースイッチ
L2MS	マスター	マネージャー
	スレーブ	エージェント
	スレーブルーター	エージェントルーター
	スレーブスイッチ	エージェントスイッチ
	スレーブ AP	エージェント AP

ヤマハネットワーク技術者認定試験の概要

ヤマハネットワーク技術者認定試験（Yamaha Certified Network Engineer）は、通信インフラであるコンピューターネットワークとヤマハネットワーク製品に関する技術の証明に加えて、ネットワークエンジニアを育成する目的としてヤマハ株式会社が定める厳格な基準に基づいて、同社が公式に認定する制度です。

2022年9月現在、初級レベルである「YCNE Basic ★」の認定試験が受験可能となっており、2022年11月より中級レベルの「YCNE Standard ★★」、2023年より上級レベルの「YCNE Advanced ★★★」の認定試験の開始が予定されています。

「YCNE Standard ★★」認定は以下の試験に合格することで取得することができます。

試験名称	Yamaha Certified Network Engineer		
レベル	Standard（★★）		
対象者	● 小～中規模ネットワークを構築・運用スキルを有する SIer/NIer ● 企業 / 基幹の情報システム部門のネットワーク担当者		
問題数	70 問		
出題形式	選択問題		
試験形態	コンピュータを使った試験（CBT）	試験時間	90 分
受験料	一般価格：19,800円（税込） 学割価格：13,860円（税込） 団体割引：10 名以上の申し込みで一般価格より 1 割引 ※詳しくは下記公式ホームページで確認することができます。		

https://network.yamaha.com/lp/ycne/exam （公式ホームページから抜粋）

・受験の申し込み方法

ヤマハネットワーク技術者認定試験を受験するためには、オデッセイコミュニケーションズの各試験会場で受験の申し込みを行います。

1. 受験の申し込み：受験を希望する試験会場を検索して、直接申し込みを行います。
   https://cbt.odyssey-com.co.jp/place.html
2. OdysseyIDの登録：オデッセイコミュニケーションズで初めて受験をする場合は、OdysseyIDを登録する必要があります。
   https://cbt.odyssey-com.co.jp/cbt/registration/index.action

・オデッセイコミュニケーションズ　カスタマーサービス

Odyssey CBT 専用窓口：03-5293-5661（平日 10:00 ～ 17:30）

・ヤマハネットワーク技術者認定 についての問い合わせ先

ヤマハネットワークエンジニア会　事務局

電話番号：03-5651-1702（平日 9:00 ～ 12:00 / 13:00 ～ 17:00　祝日・定休日を除く）

※ 記事は2022年9月現在の情報です。試験公式ホームページで最新の情報を確認してください。

目次

1章 ネットワークを構築・運用する上での必須技術

2章 中規模ネットワークの構築

3章 要件に合わせたネットワークの構築

4章 ネットワーク運用管理

5章 セキュリティ

参考情報

索引

1章

ネットワークを
構築・運用する上での
必須技術

1章では、最初に通信の基本を簡単に説明します。その後、ネットワークを構築・運用する上で必須とも言える、RIPやOSPFなどのルーティング技術、VRRPなどの冗長化技術、通信確認や調査で使うICMP関連技術、SNMPなどの運用管理関連技術について説明します。

1.1　通信の基本

　最初に、ネットワークを構成する機器や通信のしくみなど、本書を読み進める上で
これだけはおさえておきたい通信の基本について説明します。

1.1.1　ネットワークを構成する機器

　パソコンとサーバー間で通信を行い、パソコンはインターネットと通信できる事業
所内のネットワークがあったとします。また、ノートパソコンは、無線LANを利用し
てインターネットが使えるとします。その時のネットワーク構成の例は、以下のとお
りです。

■基本的なネットワーク構成の例

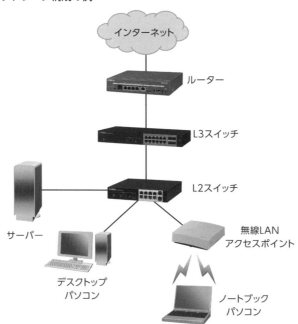

この図で、ネットワークを構成する機器の役割は、以下のとおりです。

ルーター

ルーターは、宛先IPアドレスを元に送信先のポート(またはインターフェース)を決定して、通信を転送します。これを、ルーティングと呼びます。

■ルーティングのしくみ

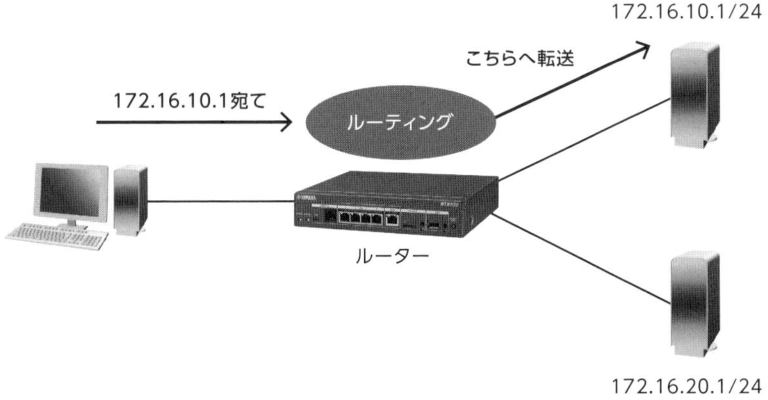

172.16.10.1/24

こちらへ転送

172.16.10.1宛て

ルーティング

ルーター

172.16.20.1/24

ルーターは、宛先IPアドレスがどのポートの先にあるのかを、設定や動的な学習によって知っています。これにより、ルーティングを行うことが可能です。

今回の例では、事業所内からインターネットへ通信する時に、ルーティングが行われます。

また、インターネットを介して世界中の機器と通信できるのは、インターネットに無数のルーターが接続されていて、ルーティングによって通信先を振り分けているためです。

■世界中の機器と通信が可能なのはルーターのおかげ

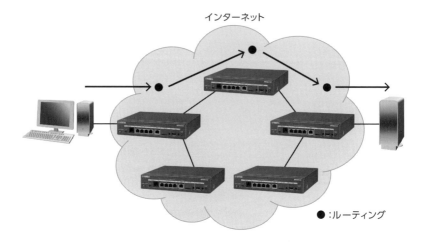

つまり、ルーターは通信における道しるべの役割をしていて、ルーティングすることで相手先まで通信がたどり着けるということです。

L2 スイッチ

L2 スイッチは、接続機器を増やすために使われます。

例えば、ある居室にネットワークと接続するためのケーブルが1本しか配線されていなかったとします。このままでは、パソコンが1台しか接続できません。このため、L2 スイッチを接続して、その先にパソコンを接続すれば、たくさんのパソコンがネットワークに接続することが可能になります。

■L2スイッチで接続できるパソコンを増やす

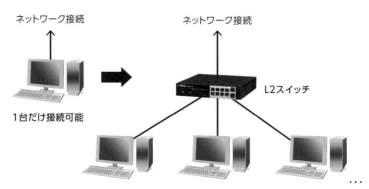

L2 スイッチは、MAC アドレステーブルに保存された MAC アドレスが宛先の場合、そのポートだけに転送することが可能です。

■L2スイッチはMACアドレステーブルを見て転送する

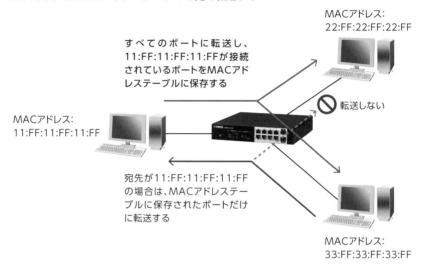

すべてのポートに転送し、11:FF:11:FF:11:FFが接続されているポートをMACアドレステーブルに保存する

MACアドレス:
22:FF:22:FF:22:FF

転送しない

MACアドレス:
11:FF:11:FF:11:FF

宛先が11:FF:11:FF:11:FFの場合は、MACアドレステーブルに保存されたポートだけに転送する

MACアドレス:
33:FF:33:FF:33:FF

L2 スイッチは、通信を一時的に溜めておくことができます。このため、複数の通信が同時に発生した時、溜めておいた中から順番に送信することができます。これによって、通信が衝突する (コリジョンと呼びます) ことを防ぎます。これを、コリジョンドメインを分離すると言います。コリジョンが発生すると通信を再送する必要があるため、コリジョンドメインを分離すると効率的に通信が行えます。

また、L2 スイッチは、ハードウェア処理によって通信を転送します。このため、高速な通信が可能です。

L2 スイッチの特長をまとめると、以下になります。

- たくさんの機器をネットワークに接続するために利用される。
- MAC アドレステーブルにより余計な通信をおさえることができる。
- コリジョンドメインを分離するため、効率的な通信を行うことができる。
- 専用ハードウェアにより高速な処理ができる。

L3 スイッチ

L3 スイッチは、ルーターと L2 スイッチの機能を併せ持った機器です。

つまり、L2 スイッチはルーティングできませんが、L3 スイッチはルーティングが可能です。このため、ローカルネットワークの中心に設置して、ルーティングするために使われたりします。

■ L3スイッチの使われ方の例

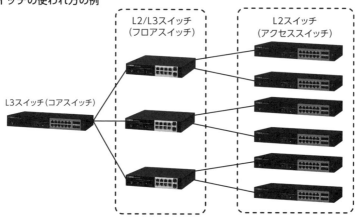

　このようなネットワークでは、中心の L3 スイッチをコアスイッチ、隣接する L2 または L3 スイッチをフロアスイッチ、その先の L2 スイッチをアクセススイッチまたはエッジスイッチと呼びます。

　アクセススイッチまたはエッジスイッチにはパソコンやサーバーなどを接続して、ローカルネットワークが構成されます。ヤマハではアクセススイッチと呼んでいます。

　また、ネットワーク規模によってはフロアスイッチにパソコンを接続するなど、階層やスイッチを柔軟に構成することができます。

ハブ

　ハブも、L2 スイッチと同様に接続機器を増やすために使われます。以前は、L2 スイッチがなかったためハブが使われていました。ハブは、MAC アドレステーブルを持たず、通信を一時的に溜めて順番に送信もできないためコリジョンドメインも分離しません。このため、少しでも通信量が増えるとコリジョンが発生して再送が必要となり、通信が非効率になります。

■ ハブでの通信

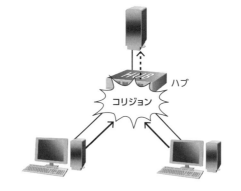

ハブは、今は L2 スイッチに置き換わって、使われることはまずありません。

無線 LAN アクセスポイント

　無線 LAN アクセスポイントは、パソコンなどが無線を使ってネットワークに接続するための機器です。

　ケーブルで接続する有線 LAN と違って、無線 LAN は無線が届く範囲であればネットワークへ接続したり、盗聴したりできます。このため、無線 LAN アクセスポイントは、認証 (パスワードなど) によって接続できる人を制限したり、暗号化によって盗聴を防いだりする機能が必須です。

1.1.2　LAN/WAN

　ネットワークには、LAN (Local Area Network) と WAN (Wide Area Network) という区分の仕方があります。

　LAN の例としては、家庭内のネットワークがあります。家庭内の機器との通信であれば、比較的セキュリティも心配ありません。他には、会社の事業所内のネットワークです。このように、1 拠点内で接続されたネットワークが LAN です。

　WAN の例としては、拠点間を接続する部分です。NTT などが貸し出す専用線を利用して、LAN 間を接続します。

■LANとWAN

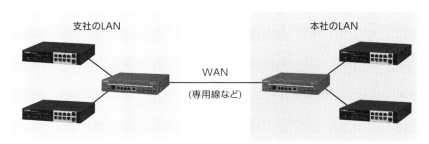

支社のLAN　　　　　　　　　　　　　　　本社のLAN

WAN

(専用線など)

　また、インターネットも WAN の 1 つです。ISP (インターネット・サービス・プロバイダー) と契約して、インターネットに接続します。

1.1.3 アクセス回線

インターネットとの接続には、光ファイバーケーブル (光回線) を使ったり、これまであった電話用のケーブル (メタルケーブル) を使ったりするものがあります。次からは、4種類のアクセス回線 (利用者から通信事業者までの接続) を使ったインターネット接続形態を説明します。

FTTH

フレッツ光などの光ファイバーケーブルを利用した接続は、FTTH (Fiber To The Home) と言います。FTTH では、ISP と契約すると ONU (Optical Network Unit) が貸し出されます。この ONU に接続することで、ISP と通信できるようになります。また、電話機も ONU に接続することで、音声とインターネット通信の信号を同居させることが可能です。

■FTTHをアクセス回線とするインターネット接続形態

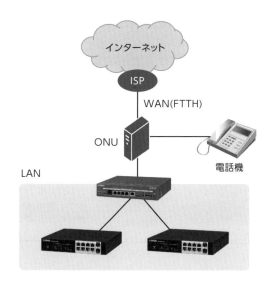

ADSL

ADSL (Asymmetric Digital Subscriber Line) は、メタルケーブル (電話線) を利用した接続です。以前は、家庭まで光ファイバーケーブルが配線されていませんでした。このため、家庭でのインターネット接続は、ADSLが一般的でした。ADSLは、モデムを設置して電話とインターネット接続の同居を可能にします。

■ ADSLをアクセス回線とするインターネット接続形態

FTTHは、1Gbps (10億 bps) などの高速通信が可能で、アクセス回線の接続距離が長くなっても速度に影響はありませんが、ADSLでは12Mbps (1,200万 bps) などの速度で、接続距離が長くなるとさらに遅くなります。今では、光ファイバーケーブルも家庭まで配線されていることが多くなり、サービスを廃止するISPもあってADSLでの接続は少なくなってきています。

CATV をアクセス回線とするインターネット接続形態

CATV (ケーブルテレビ) は、テレビの電波が届かない場所やアンテナがない建物に、光ファイバーケーブルなどでテレビの画像や音声を届けるしくみです。通常は、地上波やBSだけでなく、映画やドラマなどを独自に配信するチャンネルを持っています。この時、V-ONU（TV用ONU）によってテレビの画像や音声とともに、インターネット通信も同じ光ファイバーケーブルに同居させることができます。

■CATVをアクセス回線とするインターネット接続形態

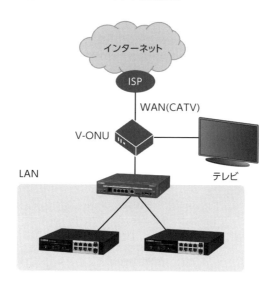

携帯電話網

　携帯電話網とは、スマートフォンなどの携帯端末が基地局と電波で通信を行った先にあるネットワークのことを言います。携帯電話網内でキャリア(NTTドコモなど)独自のサービス(メールなど)を利用できますが、携帯電話網がインターネットに接続されているため、スマートフォンなどからインターネットが利用できるようになっています。

■携帯電話網をアクセス回線とするインターネット接続形態

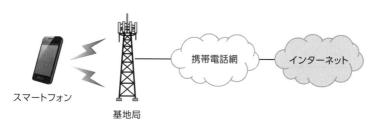

1.1.4　PPPoE

　インターネットと接続する時に使うIPアドレスには、IPv4(バージョン4)とIPv6(バージョン6)があります。IPv4は、192.168.1.1など10進数で表され、IPv6は2001:0db8:1111:ffff:1111:ffff:1111:ffffのように16進数で表されます。IPv6は16進数で桁数も多いため、表現できるアドレスの数はIPv4が約43億個に対して、IPv6は約340×1兆×1兆×1兆というとんでもない数が使えます。

　IPv4でインターネットと接続する時に(特にFTTHやADSL)、PPPoE(Point-to-Point Protocol over Ethernet)が使われることがあります。

　元々、ダイアルアップ回線(電話回線など)でインターネットを利用することができました。電話だと誰でもかけて利用できてしまうため、契約者以外が使えないようにユーザーIDやパスワードによる認証をして、IPアドレスの割り当てなども自動で行うことができました。このときに使われていたのが、PPPというプロトコル(通信手順)です。

　IPv4では、ISPが提供するネットワーク経由でインターネットと接続します。このため、ダイアルアップ回線でなくなっても、PPPのしくみをイーサネットに応用して、ISPに接続する時に認証したり、IPアドレスを割り当てたりできるようにしたのがPPPoEです。

■PPPoEのしくみ

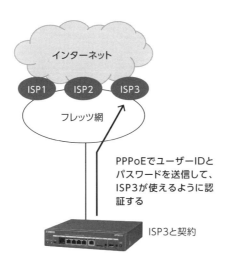

　アクセス回線がFTTHなど1つだった場合でも、フレッツ網内でつながっているため、複数のISPと契約して同時に接続することも可能です(それぞれのISPに対してPPPoE

で認証するよう設定が必要です)。

　ただし、同時に接続できる PPPoE の数が制限されていることもあります (例：フレッツ光では 2 つですが、契約によって変更可能です)。

1.1.5　**TCP/IP**

　ネットワークにおける通信で、ディファクトスタンダード (事実上の標準) となっているのは TCP/IP です。

　TCP/IP で通信する時は、フレームという複数の bit (ビット＝信号を電気や光で表す最小単位) をひとまとめにした構造で送信します。フレームの構造は、どの bit が宛先 MAC アドレスを示すのかなどを取り決めたもので、受信側でもどの bit が MAC アドレスなのかが判断できるようになっています。

■フレームの概略

	ヘッダー	
IP パケット	送信元 MAC アドレス	宛先 MAC アドレス
可変	48 bit	48 bit

※説明に必要なポイントのみ記載しています。
　ヘッダーには、実際は MAC アドレス以外の項目もあります。
　詳細は、「参考情報 1：フレーム構造」を参照してください。

　MAC アドレスなどを示す部分は、ヘッダーと呼ばれます。

　IP パケット (以後はパケット) には、以下のように宛先 IP アドレスなどを示す部分 (IP ヘッダー) があります。

■IPパケットの概略

IP パケット

	IP ヘッダー	
ペイロード (TCP や UDP などが入る)	宛先 IP アドレス	送信元 IP アドレス
可変	32 bit	32 bit

※説明に必要なポイントのみ記載しています。
　IP ヘッダーには、実際は IP アドレス以外の項目もあります。
　詳細は、「参考情報 2：パケット構造」を参照してください。

これらを踏まえて、パソコンからサーバーへのTCP/IPによる通信を簡単に図で示すと、以下になります。

■TCP/IP通信のしくみ

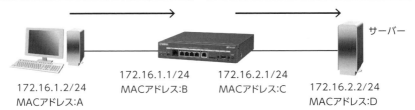

IPアドレス		MACアドレス	
宛先	送信元	送信元	宛先
172.16.2.2	172.16.1.2	A	B

IPアドレス		MACアドレス	
宛先	送信元	送信元	宛先
172.16.2.2	172.16.1.2	C	D

サーバー

172.16.1.2/24
MACアドレス:A

172.16.1.1/24
MACアドレス:B

172.16.2.1/24
MACアドレス:C

172.16.2.2/24
MACアドレス:D

※MACアドレスは、FF:11:FF:11:FF:11などで表されますが、
簡単のためA,B,C,Dで表記しています。

　宛先IPアドレスが通信先を示します。図の例では、サーバーです。この時、パソコンから見て直近の装置はルーターです。このため、パソコンから送信されるフレームは、ルーターのMACアドレスが宛先になります。ルーターでルーティングされる時、宛先のMACアドレスはサーバーに変わります。また、送信元のMACアドレスはルーターに変わります。宛先のIPアドレスはサーバーのままで、送信元のIPアドレスもパソコンのままで変わりません。
　つまり、通信中に宛先と送信元のIPアドレスは変わりませんが、宛先と送信元のMACアドレスはルーターを経由するたびに変わるということです。

1.1.6　TCPとUDP

　TCP/IPには、信頼性がある通信と、信頼性がない通信の2種類があります。
　信頼性がある通信はコネクション型と言われ、TCP (Transmission Control Protocol) というプロトコルが使われます。TCPは、相手までパケットが届いたか確認しながら通信を行い、届いていない場合は再送するため確実性があります。

■ TCP通信のしくみ

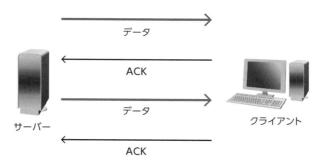

上記で、ACK (acknowledgement) が通信を受信できたことの応答です。応答がない場合は、再送します。この応答を待ちながら通信が進むため、TCPでは多少遅くなりますが、それが問題にならない多くの通信 (Webページ参照やメールなど) で採用されています。

信頼性がない通信はコネクションレス型と言われ、UDP (User Datagram Protocol) というプロトコルが使われます。UDPは、相手まで通信が届いたか確認はしないため、確実性はありません。

■ UDP通信のしくみ

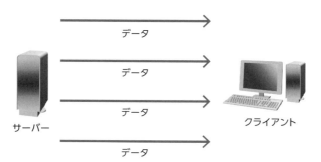

UDPは、サーバー側で大量の通信を受け付ける場合や、パケットが届かなくても問題ない通信に向いています。例えば、動画ではパケットを再送してもすでにその場面は過ぎているので、意味がありません。少しでも早くデータを送信できることに意味があります。このような通信に、UDPが使われています。

TCPもUDPも、パケットのペイロード中に組み込まれて使われます。

■ TCPとUDPの概略

TCP や UDP ヘッダー

ペイロード	送信元ポート番号	宛先ポート番号
可変	16 bit	16 bit

※説明に必要なポイントのみ記載しています。
　TCP や UDP ヘッダーには、実際はポート番号以外の項目もあります。
　詳細は、「参考情報 3：TCP の構造」と「参考情報 4：UDP の構造」を参照してください。

　この図で、ポート番号とはサービスを示す番号です。例えば、Web ページの参照では 80 番などと決まっています。

　パソコンが Web ページを参照するために、80 番ポートを宛先としてパケットを送信したとします。この時の送信元ポート番号は、空いているポートから自動で割り当てられます。そのパケットをサーバーが受信すると、Web ページを表示するためのデータをペイロード中に入れて返信します。データを受信したパソコンは、Web ページが表示できるというしくみになっています。

　Web サーバーに、20 番ポートを宛先としてアクセスしても、通信は成立しません。

1.1.7　宛先を示すアドレスの種類

　宛先を示すアドレスは、以下の 3 種類があります。

ユニキャストアドレス

　ユニキャストアドレスは、宛先が 1 つを示すアドレスです。例えば、Web ページを参照する時、通信相手のサーバーは 1 台です。このような時に、ユニキャストアドレスが使われます。

ブロードキャストアドレス

　ブロードキャストアドレスは、すべての機器を宛先とするアドレスです。例えば、あるサブネット内のすべての機器と通信するために使います。

マルチキャストアドレス

　マルチキャストアドレスは、特定のグループを宛先とするアドレスです。例えば、同じ動画を配信する時に、1 台 1 台ユニキャストアドレスでフレームを送信すると膨大

な量になります。これを、マルチキャストアドレスで送信すれば、1 つのフレームで
複数の機器が受信できます。

■ マルチキャストを利用した動画配信のしくみ

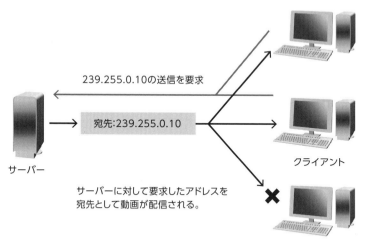

239.255.0.10の送信を要求

宛先:239.255.0.10

サーバー

クライアント

サーバーに対して要求したアドレスを
宛先として動画が配信される。

それぞれの宛先として、IP アドレスでは以下が使われます。

■ 宛先を示すIPアドレスで使われる範囲

IP アドレスの種類	利用可能な IP アドレス範囲
ユニキャストアドレス	以下以外の 223.255.255.255 まで
ブロードキャストアドレス	255.255.255.255 など
マルチキャストアドレス	224.0.0.0 ～ 239.255.255.255

　ブロードキャストアドレスで 255.255.255.255 は、同一サブネット内のすべての機
器を宛先とします。
　また、172.16.10.0/24 のサブネットがあった場合、172.16.10.255 もブロードキャ
ストアドレスです。ホスト部が ALL:1 (この例では 255 部分) となる IP アドレスは、サ
ブネット内のすべての機器を宛先とします。

MAC アドレスでは、以下が使われます。

■宛先を示すMACアドレスで使われる範囲

MAC アドレスの種類	利用可能な MAC アドレス範囲
ユニキャストアドレス	上から 8bit 目が 0
ブロードキャストアドレス	FF:FF:FF:FF:FF:FF
マルチキャストアドレス	上から 8bit 目が 1

宛先の IP アドレスがユニキャストアドレスだった場合、MAC アドレスも装置固有に割り当てられたユニキャストアドレスになります。また、宛先の IP アドレスがブロードキャストアドレスだった場合、MAC アドレスもブロードキャストアドレスになります。

また、多くのマルチキャストアドレスとして 01:00:5E から始まる MAC アドレスが使われていて、下位 23bit は IP アドレスから生成されます。

■IPマルチキャストアドレスとMACアドレスの対応

IPマルチキャストアドレス

10 進数表記	224	0	0	9
2 進数表記	11100000	00000000	00000000	00001001

下位 23bit をコピー ⬇

MACアドレス

2 進数表記	00000001	00000000	01011110	00000000	00000000	00001001
16 進数表記	01	00	5E	00	00	09

1.1.8 OSI 参照モデル

通信の標準化を目指して作成された規格に、OSI (Open Systems Interconnection) があります。OSI は、これまで説明した TCP/IP とは異なるプロトコルです。

当時は、ベンダー (販売会社) 独自のプロトコルが主流で、ベンダーが異なると通信できないことが多くありました。このため、異なるベンダー間でも通信可能なように策定されたのが OSI です。

OSI 参照モデルは、OSI 策定の前段階として国際標準化機構 (ISO) で定義されたもので、通信を 7 階層に分けて説明しています。

■OSI参照モデル

層番号	層名	利用例
7	アプリケーション層	プログラムとやりとりしながら、通信機器間で対話する。
6	プレゼンテーション層	通信機器間の非互換を解消して、7 層での対話を可能にする。
5	セッション層	一連の塊とする通信の開始から終了まで (セッション) の管理。
4	トランスポート層	エラー検知や再送など。(TCP や UDP)
3	ネットワーク層	ルーティングなど。(パケット作成)
2	データリンク層	直結された機器間の通信。(フレーム作成)
1	物理層	電圧やコネクタなど。

プレゼンテーション層の役割の 1 つを簡単に言うと、翻訳です。同じ文字でも、機器が違えば文字コードが違うことがあります。文字コードとは、A であれば 01000001 で表現するなどの決まりです。

この異なる文字コードを変換したりして、機器間でアプリケーション層の会話 (コマンドの送受信など) ができるようにするのが、プレゼンテーション層の役割です。

セッション層では、例えばログインからログアウトまでを 1 つのセッションとして管理します。セッション管理により、ログインしたまま Web ページを移動することが可能になります。

トランスポート層からデータリンク層は、これまで説明してきた TCP や UDP、パケット、フレームを構成することが役割です。

階層的に、上位から下位に降りてくる時に、ヘッダーが追加されていきます。

フレームが作られるまでの流れとしては、最初はアプリケーション層での対話を
PDU (Protocol Data Unit) として生成します。対話が「GET」であれば、文字コード
から「47 45 54」(16進数で記載) となります。これが、プレゼンテーション層の SDU
(Service Data Unit) となります。この SDU にヘッダーなどを付与 (カプセル化と言い
ます) すると、プレゼンテーション層の PDU になります。これを、さらに下層で SDU
として扱うということを繰り返し、最後にデータリンク層で作成された PDU は、物理
層で信号となって送信されます。つまり、IP アドレスや MAC アドレスなどのヘッダー
が次々に追加されていくということです。

■ フレームが作られるまでの流れ

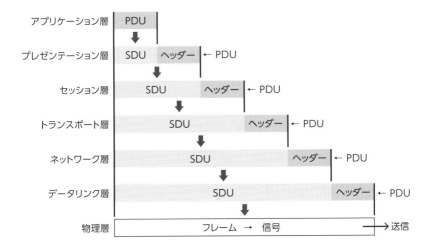

　例えば、トランスポート層で作られるのは、TCP や UDP です。それを SDU として、
IP ヘッダーを加えてパケットが作られます。さらに、パケットを SDU としてフレーム
のヘッダーが追加され、フレームが作成されるという訳です。

■ヘッダーが追加されてフレームが構成される

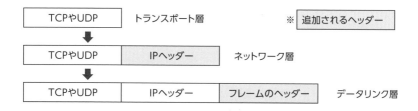

受信側では、これと逆を行います。ヘッダーなどを解釈すると同時に取り除き、上位層に渡して最終的にアプリケーション層へメッセージが届けられます。

また、L2スイッチはMACアドレスを見て転送先を決めるため、扱うのは主にデータリンク層です(フレームのヘッダーにMACアドレスがあるため)。ルーターは、IPアドレスを見て転送先を決めるため、扱うのは主にネットワーク層です(IPヘッダーにIPアドレスがあるため)。このため、その階層まで解釈して、転送を行います。

TCP/IPがディファクトスタンダードになったため、OSI自体は普及することはありませんでしたが、プロトコルを理解するために便利なOSI参照モデルは、今でも説明のためによく使われます。

1.1.9 TCP/IP 4階層モデル

これまで説明してきたTCP/IPにおける通信手順や、パケット、TCPやUDPなどは、RFC(Request For Comments)で決められています。RFCは、IETF(Internet Engineering Task Force)という標準化団体によって管理されています。

RFCでは、TCP/IPを4階層に分類しています。

■TCP/IP 4階層

層番号	層名	利用例
4	アプリケーション層	アプリケーションデータ
3	トランスポート層	TCP や UDP
2	インターネット層	パケット作成
1	リンク層	フレーム作成

　リンク層が、OSI 参照モデルのデータリンク層にあたります。インターネット層は、OSI 参照モデルのネットワーク層にあたります。OSI 参照モデルと違って、4層以上は区別されていません。

1.1　通信の基本　まとめ

- ネットワークを構成する主な機器には、ルーター、L2 スイッチ、L3 スイッチ、ハブ、無線 LAN アクセスポイントがある。
- ネットワークには、1拠点内のネットワーク範囲を示す LAN、事業所間やインターネットとの接続を示す WAN という区分がある。
- インターネットと接続するためのアクセス回線には、FTTH、ADSL、CATV、携帯電話網がある。
- インターネットと接続する時、IPv4 では PPPoE が使われる。
- 信頼性がある通信は TCP、信頼性がない通信は UDP が使われる。
- 通信モデルには、OSI 参照モデルと TCP/IP4 階層モデルがある。
- アプリケーションデータなどは、下の層に渡される時にヘッダーなどが追加 (カプセル化) されて、最終的にフレームとして送信される。

1.2 ルーティング関連技術

　ルーティングには、スタティックルーティングとダイナミックルーティングといった種類があります。また、ダイナミックルーティングには、アルゴリズムが異なる複数のルーティングプロトコルがあります。

　本章では、ルーティング関連技術について説明します。

1.2.1 スタティックルーティングとダイナミックルーティング

　ルーティングの種類として、スタティックルーティングとダイナミックルーティングがあります。

　スタティックルーティングは、ルーターに経路を静的に設定するものです。

■スタティックルーティングのしくみ

172.16.10.0/24のゲートウェイは
172.16.20.1と設定する

172.16.10.0/24

172.16.20.1/24

ルーターA　　　　　　　　ルーターB

ダイナミックルーティングは、他のルーターから経路を自動で教えてもらいます。

■ダイナミックルーティングのしくみ

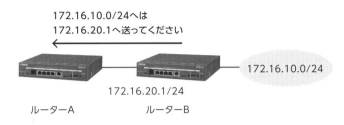

172.16.10.0/24へは
172.16.20.1へ送ってください

172.16.10.0/24

172.16.20.1/24

ルーターA　　　　　　ルーターB

いずれの場合も、ルーター A のルーティングテーブルには、以下のように反映されます。

　・宛先ネットワーク：172.16.10.0/24
　・ゲートウェイ　　　：172.16.20.1

このルーティングテーブルの場合、ルーター A が宛先 IP アドレス 172.16.10.2 のパケットを受信した時 (172.16.10.0/24 の範囲の時)、ゲートウェイの 172.16.20.1 へ送信し、ルーター B がルーティングすることで通信が成立します。

なお、ヤマハではスタティックルーティングを静的ルーティング、ダイナミックルーティングを動的ルーティングと呼んでいます。このため、以降は静的ルーティングと動的ルーティングで呼び方を統一します。

1.2.2　ルーティングのアルゴリズム

動的ルーティングには、経路を決定する際のアルゴリズムがあります。本書では、2つのアルゴリズムを説明します。

ディスタンスベクター型

ディスタンスベクター (Distance Vector) 型は、ルーター間で目的ネットワークへの方向 (Vector) と距離 (Distance) を交換します。方向は、目的ネットワークがどのルーターの先にあるかを示し、距離は目的ネットワークまで経由するルーターの数などが該当します。

■ ディスタンスベクター型でのやりとり

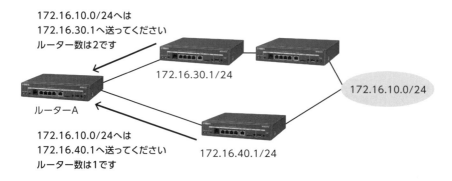

172.16.10.0/24へは
172.16.30.1へ送ってください
ルーター数は2です

172.16.30.1/24

172.16.10.0/24

ルーターA

172.16.10.0/24へは
172.16.40.1へ送ってください
ルーター数は1です

172.16.40.1/24

　ディスタンスベクター型では、距離が小さい経路を選択します。このため、図のルーター A は 172.16.10.0/24 宛ては 172.16.30.1 を経由するルートは破棄し、172.16.40.1 を経由するルートのみルーティングテーブルに反映します (経由するルーター数が少ないため)。

リンクステート型

　リンクステート (Link State) 型は、ルーター間で接続 (Link)の状態 (State)を交換します。例えば、ルーターのポートに設定された IP アドレス、ネットワークに接続されたルーターの情報などを交換します。

■ リンクステート型でのやりとり

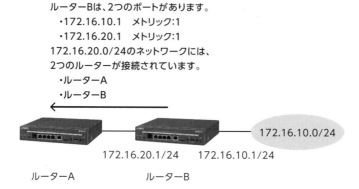

ルーターBは、2つのポートがあります。
　・172.16.10.1　メトリック:1
　・172.16.20.1　メトリック:1
172.16.20.0/24のネットワークには、
2つのルーターが接続されています。
　・ルーターA
　・ルーターB

172.16.10.0/24

172.16.20.1/24　　172.16.10.1/24

ルーターA　　　　ルーターB

※メトリックとは、目的ネットワークまでの距離を数字で示したものです。
　メトリックが小さい経路が、ルーティングテーブルに反映されます。

これによって、ネットワークに接続されたルーター(図の例では172.16.20.0/24には
ルーターAとBが接続されている)や、そのルーターの先にあるネットワークなど
が判断できるようになります。この情報は、直結されたルーター間だけでなく、他のルー
ターでも共有されてデータベースに蓄積されます。そのデータベースを元に、ダイク
ストラのアルゴリズムによってツリー構造を構成し、最短経路が計算されます。

■ダイクストラのアルゴリズム

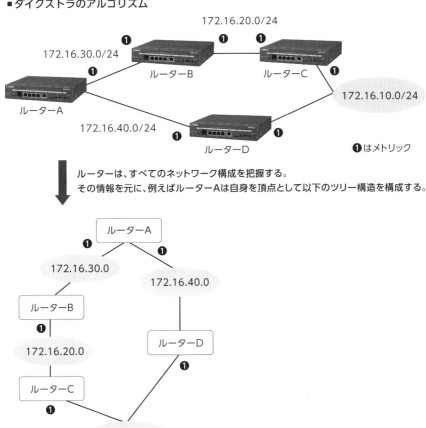

ルーターは、すべてのネットワーク構成を把握する。
その情報を元に、例えばルーターAは自身を頂点として以下のツリー構造を構成する。

　上記により、ルーターAのルーティングテーブルには、172.16.10.0/24への最短経
路としてルーターDのIPアドレスがゲートウェイとして登録されます(到達するまで
のメトリック数の合計が小さいため)。
　ディスタンスベクター型と違って複数経路を把握しているため、最短経路に障害が
あった場合でも他の経路に早く切り替えが行えます。

1.2.3 ルーティングプロトコル

動的ルーティングを実現するために、ルーター間で交換されるのがルーティングプロトコルです。ルーティングプロトコルは、ルーティングアルゴリズムに基づいた仕様になっています。

IPv4で使われるルーティングプロトコルとしては、以下があります。

■IPv4で使われるルーティングプロトコル

AS内外	ルーティングプロトコル	アルゴリズム
IGP	RIPv1	ディスタンスベクター型
	RIPv2	
	OSPF	リンクステート型
EGP	BGP	パスベクトル型

上の表にあるAS (Autonomous System) とは、組織内ネットワークのことです。自律システムと訳されます。

組織内部 (AS内) で使われるルーティングプロトコルは、IGP (Interior Gateway Protocol) と言います。例えば、会社内でルーティングするために使います。

AS間で使われるルーティングプロトコルは、EGP (Exterior Gateway Protocol) と言います。例えば、ISP間でルーティングするために使います。

IGPのルーティングプロトコルとして、RIPv1 (Routing Information Protocol Version1)、RIPv2、OSPF (Open Shortest Path First) があり、EBPのルーティングプロトコルとして BGP (Border Gateway Protocol) があるということです。

次からは、IGPとして使われる RIPv1、RIPv2、OSPF について順番に説明します。

1.2 ルーティング関連技術 まとめ

- ●ルーティングアルゴリズムには、ディスタンスベクター型とリンクステート型がある。
- ●ルーティングプロトコルでは、AS内で使われるものは IGP、AS間で使われるものは EGP と呼ばれる。
- ●IGPには RIPv1、RIPv2、OSPF があり、EGPには BGP がある。

1.3 RIPv1

RIPv1 は、他のルーティングプロトコルと比較して概念がわかりやすく、簡単な設定で動作させることができます。小規模なネットワーク向けと言えます。

本章では、RIPv1 について説明します。

1.3.1 RIPv1のしくみ

RIPv1 は、ディスタンスベクター型アルゴリズムを採用しているため、相手ルーターから送られてくるのは、方向と距離だけです。具体的には、目的ネットワーク、ゲートウェイ IP アドレス、メトリックになります。

■RIPv1のしくみ

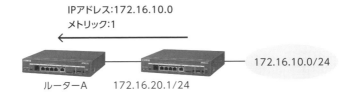

これで、ルーター A のルーティングテーブルには、以下のように反映されます。

- ・ネットワーク：172.16.10.0/24
- ・ゲートウェイ：172.16.20.1
- ・メトリック　：1

RIPv1 で送信される情報にゲートウェイの IP アドレスがありませんが、受信した RIPv1 の IP ヘッダーにある送信元 IP アドレスから反映します。この例では、IP ヘッダーの送信元は 172.16.20.1 になります。

　RIPv1では、メトリックにホップ数を使っています。ホップ数とは、経由したルーターの数です。つまり、ルーターを1つ経由するたびにメトリックを1加算してRIPを送信します。ホップ数の最大値は16で、16は無効になった経路を示します。このため、ルーターを16以上経由する大規模なネットワークでは使えません。

　実は、RIPv1で送られてくる情報には、サブネットマスクが含まれていません。しかし、先の説明でルーティングテーブルには172.16.10.0/24とサブネットマスクが反映されています。これは、ルーターAのポートに設定されたサブネットマスクをそのまま反映しています。これは、異なるサブネットマスクが使われていても反映できないことを意味します。

　つまり、RIPv1はサブネットマスクが統一されたネットワークでしか使えません。

　また、CIDR（Classless Inter-Domain Routing）にも対応していません。もし、IPアドレスが172.16.20.1/24のポートで、他のポートに設定された172.30.10.0/24のサブネット情報を送信する場合、172.30.0.0で送信します。クラスに基づくと、172.16.0.0と172.30.0.0は異なるネットワークのためです。これを、アドレスの集約と言います。

　このため、本来は172.30.10.0/24のサブネットであったとしても、172.30.0.0/16でルーティングテーブルに反映されてしまいます。つまり、172.30.0.0で個別に/24のサブネットマスクが使われていたとしても反映できず、172.30.0.0/16だけが反映できるクラスフルルーティングになります。

　このことから、172.30.10.0/24と172.30.20.0/24の2つのサブネットが分断されていた場合、どちらかしか通信ができません。

■ CIDRに対応していないデメリット

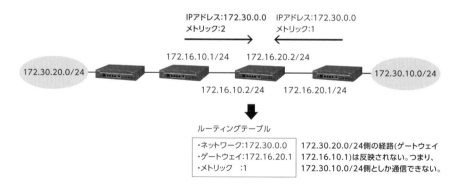

また、RIPv1 は 30秒ごとに UDP でブロードキャストアドレス宛てに送信されます。宛先 IP アドレスは 255.255.255.255 で、宛先 MAC アドレスは FF:FF:FF:FF:FF:FF です。他のルーターは、デフォルトでは6回 (180秒) 受信できないと、タイムアウトしてその経路は失われたと判断します。この時、複数の経路があって、他の経路を受信するとルーティングテーブルを切り替えます。タイムアウトの時間待つため、RIPv1 では経路の切り替えが遅いのが特徴です。

1.3.2　RIPv1のルーティングテーブルへの経路反映

　RIPv1 をサポートするルーターが起動されると、ルーターは request パケット (RIPv1 のパケットの種類) を送信します。request を受信したルーターは、response で応答します。この response には、そのルーターが知っているすべての経路情報を含めます。また、起動したルーターは、response を送信して、自身のポートに設定しているサブネットの情報を広報します。

■ 起動時の経路情報反映

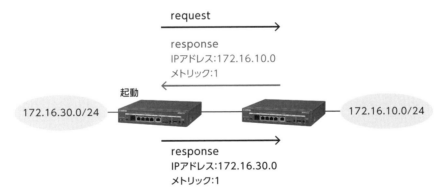

　その後、30秒間隔で response を送信し続けます。
　RIPv1 では、同じ経路が送られてきた場合、メトリックが少ない方がルーティングテーブルに反映されます。

■ RIPv1での経路選択

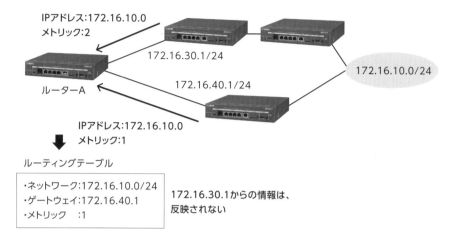

IPアドレス:172.16.10.0
メトリック:2

172.16.30.1/24

172.16.40.1/24

172.16.10.0/24

ルーターA

IPアドレス:172.16.10.0
メトリック:1

ルーティングテーブル

・ネットワーク:172.16.10.0/24
・ゲートウェイ:172.16.40.1
・メトリック　　:1

172.16.30.1からの情報は、
反映されない

　172.16.40.1から30秒間隔のresponseが180秒受信できない時、その経路のメトリックを16とし、無効とします。無効になった後も、ガベージコレクション(garbage-collection)と呼ばれる時間(デフォルト120秒)は、他にメトリックが少ない経路を受信しない限り、ルーティングテーブルに保持します。

1.3.3　スプリットホライズン

　RIPv1は、相手から受信した経路情報は、そのポートに対して送信しません。これを、スプリットホライズンと呼びます。

■ スプリットホライズンのしくみ

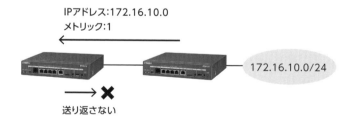

IPアドレス:172.16.10.0
メトリック:1

172.16.10.0/24

送り返さない

　これは、当たり前のように思えますが、重大な問題の回避にも役立っています。
　例えば、次の図でルーターAが故障したとします。その時の動作は、スプリットホ

ライズンが無効の場合、以下になります。(以下 ①〜③ は、図中の ①〜③ に対応して
います)

① ルーター B も C もルーティングテーブルには、有効な経路として 172.16.10.0/24
が残ります。

② スプリットホライズンが無効の場合、ルーター C はルーター B 宛てに 172.16.10.0
を送り返します。ルーター B は、この情報をルーター A から RIPv1 を受信しなくなっ
てから、180 秒間は無視します。ルーター B にとって、ルーター A 経由の方がメ
トリックが小さいからです。

③ 180 秒が過ぎると、ルーター B はルーター A の経路は無効になったと判断 (メト
リックを 16 に) します。この時点でも、ルーター C は 172.16.10.0 の経路を送り
続けるため (ルーター C で無効になるのはルーター B から受信しなくなって 180
秒後のため)、結果としてルーター B はルーター C を経由した経路をルーティン
グテーブルに反映させます (この経路では通信できません)。

■ スプリットホライズンが無効の時の問題点

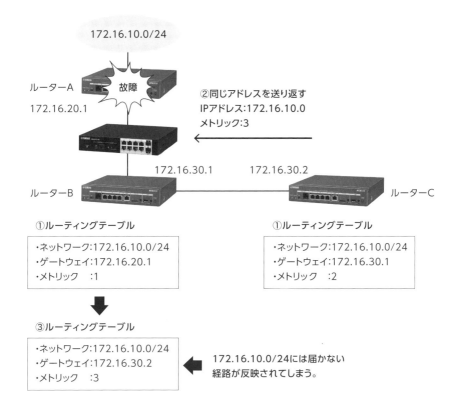

さらに悪いことに、ルーターBはルーターCから送られてきた経路に、メトリックを1加算してルーターCに送り返し続けます。これによって、ルーターCで180秒後に無効になるはずが、さらに長時間有効になったままになります。このように、ルーター間で本来は無効になったはずの172.16.10.0への経路を送り合います。

図の①から③のように、メトリックが加算されていくため無限にはならないとは言え、メトリックが16になって無効になるまでかなりの時間がかかることがわかると思います。この時、ルーターBとCは、172.16.10.0へのゲートウェイを互いのルーターと認識しています。つまり、172.16.10.1などを宛先とする通信がループし、通信の輻輳(飽和状態)をまねく可能性があります。

■ スプリットホライズンがないと通信がループする可能性がある

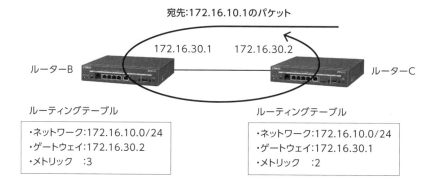

また、ないはずの172.16.10.0への経路が生き続けるため、他のルーターを経由して172.16.10.0へ到達する経路があったとしても(つまり、経路が他にもある)、その経路がルーティングテーブルに反映されるのが遅くなってしまい(その経路のメトリックの方が大きい間は、反映しないため)、結果として通信の回復がかなり遅くなってしまいます。

ルーターによってはスプリットホライズンを無効にできますが、この問題を認識した上で行う必要があります。

1.3.4 トリガーアップデート

RIPv1では、30秒間隔の定期送信ではなく、経路に変更があった時は、その経路だけをすぐに送信することもできます。例えば、サブネットが追加された時などです。これを、トリガーアップデートと言います。

■ トリガーアップデートのしくみ

この情報だけを、すぐに送信

IPアドレス:172.16.1.0
メトリック:1

172.16.1.0/24

追加されたサブネット

　トリガーアップデートにより、経路変更を他のルーターに送信するための時間が短縮されます。

1.3.5　ルートポイズニング

　経路が無効になった時、ルーティングテーブルでメトリックを16にすることは説明しました。この時、メトリックが16の情報をRIPv1で送信し、他のルーターにも経路が無効になったことを通知できます。これを、ルートポイズニングと呼びます。

■ ルートポイズニングのしくみ

IPアドレス:172.16.10.0
メトリック:2

172.16.30.1/24

ルーターA

172.16.40.1/24

切断

172.16.10.0/24

IPアドレス:172.16.10.0
メトリック:1　→　16

切断が起こるとメトリックが16に変わる

ルーティングテーブル

・ネットワーク:172.16.10.0/24
・ゲートウェイ:172.16.40.1
・メトリック　:1

メトリックが1の間は、172.16.40.1の
経路をルーティングテーブルに反映する。

ルーティングテーブル

・ネットワーク:172.16.10.0/24
・ゲートウェイ:172.16.30.1
・メトリック　:2

切断が起こってメトリックが16を受信すると、
172.16.30.1の経路をルーティングテーブルに反映する。

　ルーターAでは、すぐに172.16.40.1をゲートウェイとする経路を無効にできるため、172.16.30.1をゲートウェイとする経路を早くルーティングテーブルに反映できて、通信の回復も早くなります。

　このように、ルートポイズニングが送付できれば切り替えは早くできます。しかし、ルーターの先にL2スイッチが接続されていて、その先が切断した場合などはルーターがポートのダウンを検知できずにルートポイズニングが働かないため、180秒待ってから経路が無効になります。

■ ルートポイズニングが働かない例

切断

172.16.10.0/24

L2スイッチのポートがダウンしたことは
検知できないため、172.16.10.0/24の
経路は180秒間有効のまま残る

1.3 RIPv1　まとめ

● RIPv1の特長は、以下のとおり。

　・VLSM (Variable Length Subnet Mask：可変長サブネットマスク) に対応していない。

　・アドレスを集約するため、CIDRに対応していない。

　・ブロードキャストアドレスを宛先とするため、ルーター以外の機器も受信する。

　・切り替え時間が遅い。

● スプリットホライズンは、経路情報を折り返さないこと。

RIPv2

RIPv2 は、RIPv1 の改良バージョンです。ここでは、RIPv1 との違いを中心に説明します。

1.4.1　RIPv2のしくみ

RIPv2 は、RIPv1 と違ってブロードキャストではなく、224.0.0.9 のマルチキャストアドレス宛てに送信されます。このため、関係ない機器が受信しなくて済みます。UDPで送信される点は、同じです。

RIPv2 では、以下の情報を送信します。

■RIPv2のしくみ

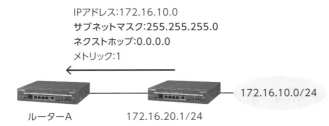

IPアドレス:172.16.10.0
サブネットマスク:255.255.255.0
ネクストホップ:0.0.0.0
メトリック:1

ルーターA　　　172.16.20.1/24　　172.16.10.0/24

注目すべきは、サブネットマスクがあることです。これにより、VLSMに対応しています。また、アドレスの集約をしないように設定して、CIDRに対応させることもできます。

ネクストホップは、ゲートウェイアドレスを示します。自身がゲートウェイの場合は、図のように 0.0.0.0 が入ります。この場合、RIPv1 と同じでゲートウェイの IP アドレスは、IP ヘッダーの送信元 IP アドレスから反映します。

　もし、次の図のネットワークがあったとして、ルーターAとBの間でRIPv1を使っていたとします。この場合、ルーターAは172.16.10.0と通信する時にルーターBに送信してしまい、ルーターBからルーターCに転送されます。

■ RIPv1だと転送になる例

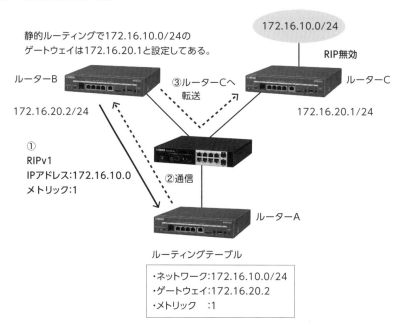

①　ルーターBから172.16.10.0への経路を強制的にRIPv1で広報させると、ルーターAのルーティングテーブルでは172.16.10.0/24へのゲートウェイを172.16.20.2にします。このため、172.16.10.1宛てなどのパケットは、② 最初にルーターBに送信され、③ その後ルーターBからルーターCへ転送されるという訳です。

もし、RIPv2 で送受信した場合、次のようになります。

■ RIPv2だと転送にならない例

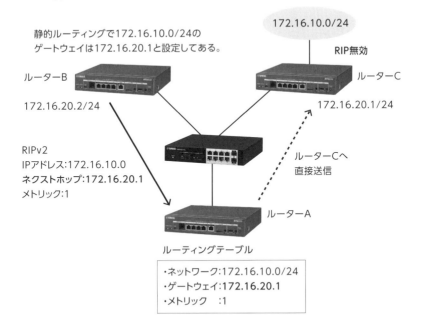

静的ルーティングで172.16.10.0/24の
ゲートウェイは172.16.20.1と設定してある。

172.16.10.0/24

RIP無効

ルーターB

ルーターC

172.16.20.2/24

172.16.20.1/24

RIPv2
IPアドレス:172.16.10.0
ネクストホップ:172.16.20.1
メトリック:1

ルーターCへ
直接送信

ルーターA

ルーティングテーブル

・ネットワーク:172.16.10.0/24
・ゲートウェイ:172.16.20.1
・メトリック　:1

ネクストホップが使えるため、ルーター A のルーティングテーブルでは172.16.10.0
へのゲートウェイは172.16.20.1 になります。このため、172.16.10.1宛てなどのパケッ
トは、直接ルーター C に送信できます。

1.4.2　RIPルーティングドメイン

　RIPで送受信している範囲を、RIPルーティングドメインと言います。RIPルーティングドメイン以外の経路から、RIPルーティングドメインへ再配布することもできます。例えば、静的ルーティングで設定した経路をRIPで流すなどです。

　この時、RIPv2ではオプション(必須ではない)でルートタグを付けることができます。

■ 静的ルーティングの経路をRIPv2で流す(ルートタグ付き)

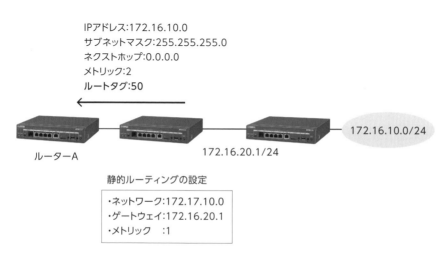

IPアドレス:172.16.10.0
サブネットマスク:255.255.255.0
ネクストホップ:0.0.0.0
メトリック:2
ルートタグ:50

ルーターA

172.16.20.1/24

172.16.10.0/24

静的ルーティングの設定

・ネットワーク:172.17.10.0
・ゲートウェイ:172.16.20.1
・メトリック　:1

　このルートタグは、受信側のルーターで経路のフィルタリングなどに使われます。例えば、50番のルートタグが付いた経路はルーティングテーブルに反映させないことができます。

1.4.3　認証

RIPv2 では、オプションで認証が使えます。ルーターにはパスワードを設定し、パスワードが一致したルーターの経路だけをルーティングテーブルに反映します。

■RIPv2での認証

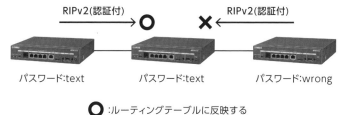

:ルーティングテーブルに反映する

:ルーティングテーブルに反映しない

認証を使うことで、意図しないルーターからの経路をルーティングテーブルに反映することを防げます。

| **1.4** | **RIPv2　まとめ** |

● RIPv2 は、RIPv1 と比較して以下の改良がされている。

・サブネットマスクを送信できるため、VLSM に対応している。

・アドレスを集約しないようにできて、サブネットマスクも使えるため、CIDR に対応している。

・ネクストホップアドレスで、自分以外のルーターをゲートウェイとして通知できる。

・ルートタグと認証が使える。

1.5 OSPF

OSPFは、RIPと比較すると概念を理解して設計が必要ですが、中規模から比較的大規模なネットワークまで対応できます。

本章では、OSPFについて説明します。

1.5.1 OSPFのしくみ

OSPFには、エリアの概念があります。エリアは、複数のルーターの集まりです。

エリアは、必ずエリア0(0.0.0.0)を作り、他のエリアはエリア0と接続されている必要があります。エリア0を、バックボーンエリアと呼びます。

■OSPFのエリア

OSPFでは、ルーターに以下の呼び方があります。

● ABR

ABR（Area Border Router）は、エリア間を接続するルーターです。図のルーター
BとDがABRになります。

● ASBR

ASBR（Autonomous System Boundary Router）は、RIPなど他のルーティング
プロトコルと接続するルーターです。図のルーターEがASBRになります。RIPな
どの経路情報を、OSPFに反映させることができます。

● 内部ルーター

内部ルーターは、ABRでもASBRでもないルーターです。すべてのポートがエリ
ア内に属しています。図のルーターAとCが内部ルーターになります。

● バックボーンルーター

バックボーンルーターは、バックボーンエリアに接続するポートがあるルーター
です。図のルーターB、C、Dがバックボーンルーターになります。

OSPFでは、メトリックにコストを使っています。RIPのメトリックでは経由したルー
ターの数（ホップ数）を使っていますが、OSPFではポートの速度を基準にしています。
例えば、1000BASE-Tであれば、コストが1などです。

設定されたコストは、ルーターからネットワークに到達するための重みを示します。
例えば、あるルーターに172.16.10.1/24のポートがあってコストが1の場合、ルーター
から172.16.10.0/24に到達するためのコストが1という考え方になります。

1.5.2　指定ルーター

OSPFは、ルーター間でマルチキャストアドレスの224.0.0.5宛てにHelloパケット
を10秒間隔で送信し、相手ルーターが受信することでルーターを検知します。検知し
たルーターをネイバー（Neighbor）と言います。

ネイバー間では、プライオリティ（優先度）に従って指定ルーター（DR:Designated
Router）とバックアップ指定ルーター（BDR:Backup Designated Router）を選出し
ます。指定ルーターとバックアップ指定ルーターは、サブネット単位に1台ずつ選出
されます。

■Helloパケットと指定ルーター・バックアップ指定ルーター選定

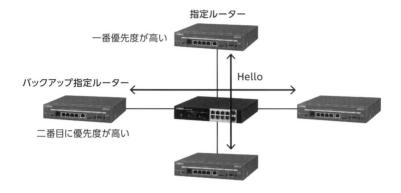

　ルーターで経路情報の変更があった場合、指定ルーターとバックアップ指定ルーターに送信します。この経路情報は、LSA（Link State Advertisement）と呼ばれます。

■経路情報に変更があった時にLSAが送信される

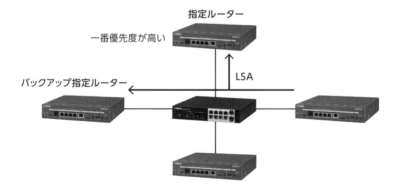

　LASを受信した指定ルーターは、変更された LSAを全ルーター宛てに送信し、他のルーターはルーティングテーブルに反映します。

■指定ルーターとバックアップ指定ルーターの役割

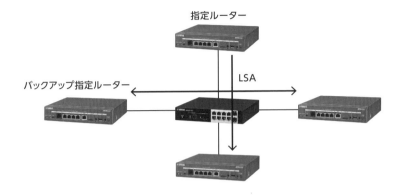

指定ルーター

バックアップ指定ルーター

LSA

　つまり、RIPが各ルーターで独自に経路情報を受信するのに対し、OSPFでは指定ルーターがまとめて各ルーターに教えます。また、バックアップ指定ルーターは、指定ルーターからのHelloパケット受信が途絶えると(デフォルトで40秒)、指定ルーターの役割を引き継ぎます。

　イーサネットで接続されている場合、指定ルーターとバックアップ指定ルーターへ送信する時に使われる宛先は、マルチキャストアドレスの224.0.0.6です。指定ルーターとバックアップ指定ルーターだけが受信します。

　指定ルーターから全ルーターに送信する時の宛先は、224.0.0.5です。OSPFが動作しているすべてのルーターが受信します。

1.5.3　ネイバーと隣接関係

　ルーターが起動すると、同一サブネット内のルーターとHelloパケットを送受信して状態を変化させます。

　以下に、各状態の特徴をまとめます。

■OSPF状態(2-Wayまで)

状態	意味
Down	初期状態
Init	Helloパケット交換中
2-Way	ネイバー確立

　この状態遷移は、Helloパケットを受信した1台1台に対して個別に発生します。この時、ルーターに設定してあるプライオリティが高い機器から指定ルーターとバックアップ指定ルーターが選出されます。

　指定ルーターとバックアップ指定ルーター以外の機器間は、ネイバーを確立して2-Way状態のままになります。指定ルーターとバックアップ指定ルーターとの間では、経路情報(LSA)などを交換するためにDBD(DataBase Description)パケットをやり取りし、さらに以下のような状態遷移をします。

■OSPF状態(FULLまで)

状態	意味
ExStart	DBD 交換準備
Exchange	DBD 交換
Loading	LSA 要求と送信
Full	隣接関係確立

　Loading状態でLSAが送受信され、Fullで隣接関係(Adjacency)を確立します。つまり、指定ルーターやバックアップ指定ルーターと、他のルーターの間では隣接関係が確立され、その後も隣接関係の間でLSAがやりとりされます。

1.5.4　LSAとLSDB

　LSAには、タイプがあります。タイプ1(ルーターLSA)は、自身のルーターIDとともに、ポートのIPアドレスやメトリックなどが含まれます。

■LSAタイプ1

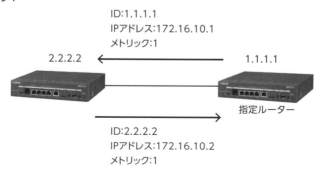

ID:1.1.1.1
IPアドレス:172.16.10.1
メトリック:1

2.2.2.2　　　　　　　　　　　　　　1.1.1.1

指定ルーター

ID:2.2.2.2
IPアドレス:172.16.10.2
メトリック:1

ルーターIDは、ルーターを識別する番号です。1.1.1.1など明示的に設定も可能ですが、明示的に設定されていない場合はループバックアドレス、ポートに設定した最大のIPアドレスの順で決定されます。ループバックアドレスは、他の装置と接続しない仮想的なアドレスです。

　また、ルーターが複数のサブネットと接続されている場合は、1つのルーターIDに対してそのサブネットの数IPアドレスとメトリックが含まれることになります。（例：ID:1.1.1.1にIP:172.16.10.1、メトリック：1と、IP:172.16.20.1、メトリック：1の両方が含まれる）

　他には、ABRやASBRを示すフラグなども含まれます。

　タイプ1は、すべてのルーターが生成し、隣接関係にあるルーターに送信します。

　タイプ2（ネットワークLSA）は、ポートのIPアドレスとともに、自身のルーターIDやサブネットマスク、ネットワークに接続されている他のルーターIDなどが含まれます。

■LSAタイプ2

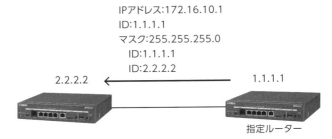

IPアドレス:172.16.10.1
ID:1.1.1.1
マスク:255.255.255.0
ID:1.1.1.1
ID:2.2.2.2

2.2.2.2　　　　　　　　　　　　　　　　1.1.1.1

指定ルーター

　タイプ2は、指定ルーターだけが生成します。

　このようにしてやりとりされたLSAは、各ルーターのLSDB（Link State DataBase）に格納されます。

その後、タイプ1と2の組み合わせで、ダイクストラのアルゴリズムを使って、自身をトップとするエリア内のSPF (Shortest Path First) ツリーを作成します。

■ LSDBを元にSPFツリーを作成

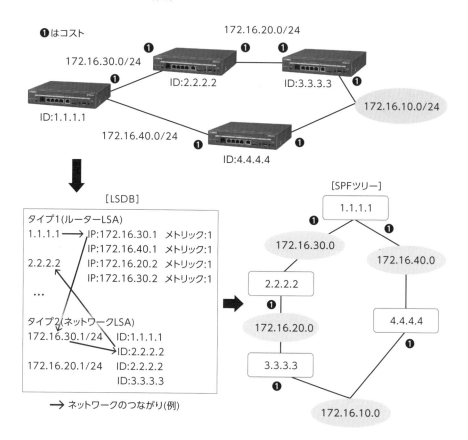

SPF ツリーに基づいて、ルーティングテーブルを作成します。

■ SPFツリーに基づいてルーティングテーブルが作成される

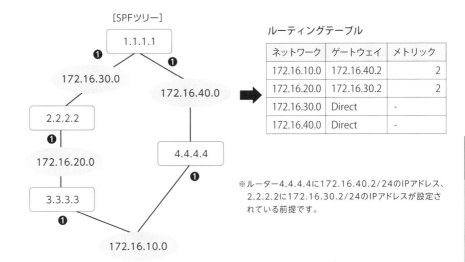

[SPFツリー]

ルーティングテーブル

ネットワーク	ゲートウェイ	メトリック
172.16.10.0	172.16.40.2	2
172.16.20.0	172.16.30.2	2
172.16.30.0	Direct	-
172.16.40.0	Direct	-

※ルーター4.4.4.4に172.16.40.2/24のIPアドレス、2.2.2.2に172.16.30.2/24のIPアドレスが設定されている前提です。

　もし、ID:4.4.4.4で172.16.10.0/24への経路が失われたとします。ID:4.4.4.4の172.16.10.0/24に接続するポートのIPアドレスが172.16.10.1だった場合、即座にLSAタイプ1でIP:172.16.10.1を削除して(IP:172.16.40.2は残したまま)送信します。

■ OSPFの経路切り替え

IPアドレス:172.16.40.2
メトリック:1
~~IPアドレス:172.16.10.1~~
~~メトリック:1~~

この情報を削除してLSAタイプ1を送付する

切断

172.16.10.0/24

172.16.40.2/24　　172.16.10.1/24

ID:1.1.1.1　　　　　ID:4.4.4.4

　これにより、ID:1.1.1.1のルーターは、172.16.10.0/24に対するID:4.4.4.4の経路が失われたことを判断し、ID:2.2.2.2側の経路がルーティングテーブルに反映されます。

1.5.5 エリア間や外部経路の扱い

OSPFは、すでに説明したとおり複数のエリアを作成できます。

LSAタイプ1と2の経路情報は、他エリアへ送信する時、ABRがタイプ3(サマリーLSA)に変換して送信します。

■LSAタイプ3

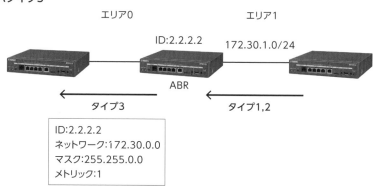

この時、172.30.1.0/24などのサブネットマスクを使っていた場合でも、172.30.0.0/16などにアドレスの集約をして送信が可能です。このことで、サブネットごとにLSAを送信する必要がなく、ルーティングテーブルも172.30.0.0/16だけが反映されるため、エントリーが少なくて済みます。つまり、エリアを分けることで、送受信するパケットやルーティングテーブルの数を減らすことができるため、比較的大規模なネットワークにも対応可能という訳です。

逆に、LSAタイプ1と2はエリア内すべてのルーターに届けられます。途中で変換したり、経路を削除したりはできません。このことで、エリア内のすべてのルーターは、同じLSDBを持つようになります。各ルーターでルーティングテーブルが異なるのは、同じLSDBを元にしていますが、各ルーターが自身をトップとしたツリー構造を作成するためです。

なお、バックボーンエリアはLSAタイプ3を他のエリアに転送できる特別なエリアです。

■ バックボーンエリアだけがLSAタイプ3を他エリアに転送できる

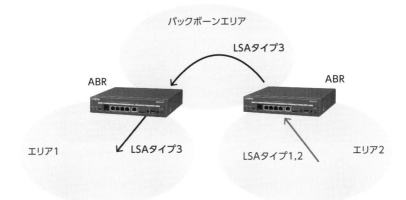

　このため、エリア間の通信をするためには、バックボーンエリアに接続している必要があるということです。

　また、RIPなどの外部経路をOSPFで再配布した場合は、LSAタイプ4（ASBRサマリーLSA）と5（AS外部LSA）が使われます。LSAタイプ5は172.18.0.0/16などのRIPから受信した経路が含まれ、ASBRが生成します。

■ LSAタイプ5

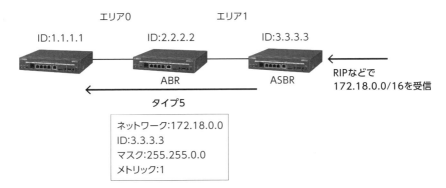

　タイプ5は、全エリアに転送されます。これで、上の図では172.18.0.0/16へは3.3.3.3へ送信すればよいことが、全エリアのルーターに通知されます。しかし、このままでは他エリアのルーター（図ではID:1.1.1.1のルーター）には3.3.3.3がどこにあるのかわかりません。他エリアのルーターID（図ではID:3.3.3.3）の情報は、LSAタイプ3では

送信されないためです。これを補完するのが、LSA タイプ 4 です。

　タイプ 4 は、ABR が生成し、ASBR へ送信するためには自信へ送信すればよいことを通知します。

■ LSA タイプ4

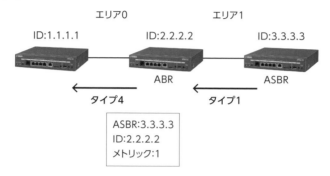

```
          エリア0                           エリア1
   ID:1.1.1.1        ID:2.2.2.2        ID:3.3.3.3

                        ABR                ASBR
        ←                    ←
        タイプ4                  タイプ1

              ASBR:3.3.3.3
              ID:2.2.2.2
              メトリック:1
```

　ABR は、ASBR のフラグがあるタイプ 1 を受信すると、タイプ 4 に変換します。これで、エリア 0 にあるルーターは他エリアの ASBR:3.3.3.3 へは ABR:2.2.2.2 へ送ればいいことがわかります。

　つまり、タイプ 4 とタイプ 5 の組み合わせで、外部経路へのルーティングが可能になるということです。

1.5.6　LSA タイプのまとめ

これまで説明した LSA タイプをまとめると、以下になります。

■LSAタイプ一覧

LSA タイプ	生成元	中継範囲	説明
タイプ1 ルーター LSA	全ルーター	エリア内	自身のルーター情報
タイプ2 ネットワーク LSA	指定ルーター	エリア内	ネットワーク情報
タイプ3 サマリー LSA	ABR	エリア内	他エリアの経路情報
タイプ4 ASBR サマリー LSA	ABR	エリア内	ASBR までの情報
タイプ5 AS 外部 LSA	ASBR	全エリア	外部経路情報

　繰り返しになりますが、タイプ1と2はエリア内のルーターで同一の LSDB を作り、エリア内の経路情報をルーティングテーブルに反映させるために使われます。タイプ3は、他エリアの経路情報をルーティングテーブルに反映するために使われます。タイプ5は、外部経路をルーティングテーブルに反映させるために使われ、その外部経路と接続される ASBR がどこの ABR の先にあるのか通知するのがタイプ4となります。

1.5.7　OSPF パケットの種類

　OSPF には、5種類のパケットがあります。5種類のパケットは、いずれもパケットのペイロード部分にそのまま情報が入ります。つまり、TCP でも UDP でもありません。

● Hello パケット

Hello パケットは、すでに説明したとおり定期的に送受信することでルーターの存在を認識して、ネイバー関係を構築するためのものです。死活監視も兼ねていて、デフォルトでは40秒間 Hello パケットを受信できないと、そのルーターはネイバーではなくなります。ネイバーでなくなったルーターからの LSA は、LSDB から削除されてルーティングテーブルでも削除されます。

● DBD パケット

DBD パケットもすでに説明したとおり、隣接関係になる時に交換されます。この時、LSA ヘッダー (LSA 情報の一部) も交換されます。

● LSR パケット

LSR (Link State Request) パケットは、LSA を要求するパケットです。例えば、DBD に含まれる LSA ヘッダーで受信した情報を自身が持っていない場合は、詳細な情報となる LSA を要求します。

● LSU パケット

LSU (Link State Update) パケットは、LSR に対する応答や経路変更時に送信されます。LSU には、LSA (タイプ 1 から 5 など) 自体が含まれていて、これが LSDB に格納されます。

● LSAck パケット

LSAck (Link State Acknowledgment) パケットは、LSU に対する確認応答です。LSAck によって、相手のルーターで LSA が正常に受信できたことが確認できます。

1.5　OSPF　まとめ

- OSPF には、ABR、ASBR、内部ルーター、バックボーンルーター、指定ルーター、バックアップ指定ルーターなどがある。
- OSPF で使われるメトリックは、コストである。コストは、ルーターがネットワークに到達するための重みを示す。ネットワークからルーターへのコストは、常に 0 となる。
- OSPF は、LSA によってリンクのステートを通知し、LSDB に保存する。
- OSPF にはエリアがあり、バックボーンエリアは LSA タイプ 3 (サマリー LSA) を他エリアに転送できる特別なエリアである。
- OSPF には、Hello、DBD、LSR、LSU、LSAck の 5 種類のパケットがある。

冗長化技術とは、サービスを停止させないように2重化したりして、障害発生時に切り替える技術です。ネットワークで言えば、通信をなるべく途切れさせないように冗長化します。

本章では、最初に冗長化の基本を説明し、その後でネットワークで使われる冗長化技術について説明します。

1.6.1　冗長化技術の基本

冗長化には、以下2つの方法があります。

●アクティブ・スタンバイ

片方をアクティブとして動作させ、他方をスタンバイとして待機させます。故障した時に、スタンバイ側をアクティブにすることで、サービスを復旧させます。

●アクティブ・アクティブ

すべての機器やポートをアクティブとして動作させ、サービスを提供します。例えば、3台にサービスを分散させて動作させます。これを、負荷分散と言います。1台が故障した時は、残り2台で負荷分散します。

アクティブ・スタンバイには、次の3種類のスタンバイ形態があります。

コールドスタンバイ

コールドスタンバイは、設定も行わず電源も入れていない状態でスタンバイさせることです。コールドスタンバイでは、予備の機器を用意しておいて、アクティブの本番機器が故障すると、その機器に合わせた設定を行って取り替えます。

■コールドスタンバイ

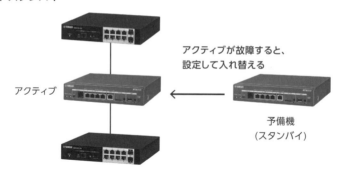

例えば、ルーターが10台稼働していたとして、1台予備機を用意しておきます。10台の内、1台が故障すると、その1台と同じ設定を予備機に行って故障した機器と入れ替えます。これは、他の形態と比較して復旧までに時間がかかるのがデメリットですが、予備機を1台用意しておけば、10台どれが故障しても対応できる(コスト的に安い)といったメリットもあります。

ウォームスタンバイ

ウォームスタンバイは、設定も行って電源も入れてありますが、サービスとしては提供できない状態でスタンバイさせることです。

例えば、稼働しているルーターと同じ設定のルーターを起動して、ケーブルも接続しておきます。その上で、ポートをシャットダウンするなどで、ルーターとしては動作しないようにしておきます。

■ウォームスタンバイ

もし、稼働中のルーターが故障した場合、スタンバイしているルーターのポートをアップさせれば、コールドスタンバイより早く通信を復旧させることができます。

ホットスタンバイ

ホットスタンバイは、設定も行って電源も入れてあり、すぐにサービスを提供できる状態でスタンバイさせることです。

例えば、2台のルーターで同じ設定をしておき、アクティブ側がルーティングをまかないます。

■ホットスタンバイ

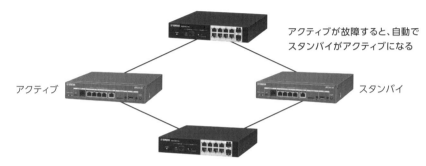

アクティブ　スタンバイ

アクティブが故障すると、自動でスタンバイがアクティブになる

アクティブ側のルーターが故障した時は、自動で検知してスタンバイ側がアクティブとなり、ルーティングをまかなうようにできます。

1.6.2 スパニングツリープロトコル

スパニングツリープロトコル (STP:Spanning Tree Protocol) は、ネットワークが
ループ状態の時、フレームがループしてブロードキャストストームが発生しないよう
に、フレームを転送しないポートを作る技術です。スパニングツリープロトコルには、
大きく分けて3種類あります。本書では、IEEE802.1Dで規定されたスパニングツリー
プロトコルについて説明します。

■スパニングツリープロトコルのしくみ

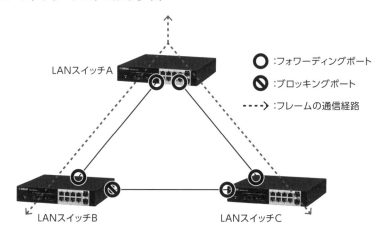

フレームを転送するポートをフォワーディングポート、転送しないポートをブロッ
キングポートと呼びます。この図では、LAN スイッチ (L2 スイッチと L3 スイッチ両
方のことを指します)Bにブロッキングポートがあるため、3台の LAN スイッチ間でフ
レームはループしません。

もし、LAN スイッチ A と C の間で通信ができなくなった場合、このままでは LAN
スイッチ C は、他の LAN スイッチを経由して通信ができなくなってしまいます (A と
も B とも通信できない)。このため、LAN スイッチ B はブロッキングポートをフォワー
ディングポートへ自動で遷移させて、フレームの転送ができるようになります。つまり、
経路が自動で切り替わるということです。これによって、LAN スイッチ C は他の LAN
スイッチを経由した通信が可能になります。

■スパニングツリープロトコルによる切り替え例

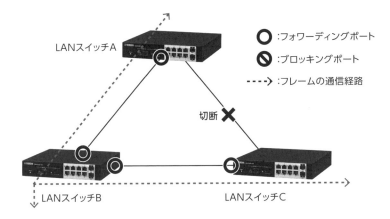

　スパニングツリープロトコルでは、LANスイッチが起動するとBPDU（Bridge Protocol Data Unit）というフレームだけを送受信し始めます。これを、リスニング状態と呼びます。

■LANスイッチ起動時のリスニング状態

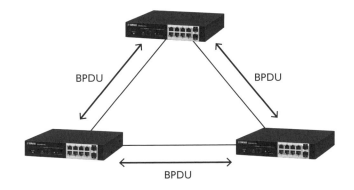

　このリスニング状態中に、BPDUに含まれるブリッジIDが小さいLANスイッチが、ルートブリッジになります。15秒後には、ルートブリッジのすべてのポートは、MACアドレステーブルを保存し始めます。これを、ラーニング状態と呼びます。
　ブリッジIDは、装置に設定したブリッジプライオリティ（優先度）+ MACアドレスで決定されます。つまり、ブリッジプライオリティに同じ値を設定すると、MACアドレスが小さいLANスイッチがルートブリッジになります。逆に、ブリッジプライオリティに差があれば、MACアドレスに関係なくルートブリッジが決定されます。

■ブリッジプライオリティとルートブリッジ決定

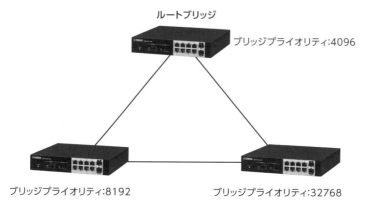

ルートブリッジでは、ラーニング状態の15秒後にすべてのポートがフォワーディングポートになって、通常のフレームを転送し始めます。

ルートブリッジは、デフォルトでは2秒間隔でBPDUを送信し続けます。他のLANスイッチはルートブリッジから送信されるBPDUを、送信元フィールドを自身のブリッジIDに書き換えて転送します。自身がルートブリッジにならなかったLANスイッチは、自らBPDUを生成したりしません。

最終的に、フォワーディングポートになるか、ブロッキングポートになるか決めるのは、ルートパスコストです。LANスイッチには、各ポートにパスコストを20000などと設定します。このパスコストは、LANスイッチを経由する度に加算されます。

■ルートパスコストはLANスイッチを経由する度に加算される

加算されたパスコストの合計が、ルートパスコストという訳です。ルートパスコストが小さい方がフォワーディングポートになり、大きい方がブロッキングポートになります。

■ ブロッキングポートの決定

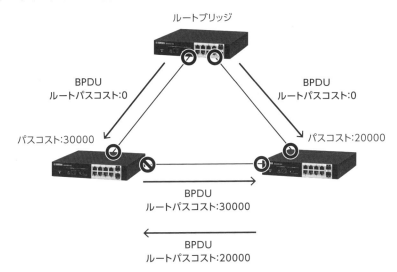

ルートブリッジ

BPDU
ルートパスコスト:0

BPDU
ルートパスコスト:0

パスコスト:30000

パスコスト:20000

BPDU
ルートパスコスト:30000

BPDU
ルートパスコスト:20000

　もし、ルートパスコストが同じ場合、BPDUを転送する時に送信元フィールドを自身のブリッジIDに書き換えると説明しましたが、そのブリッジIDが小さい方がフォワーディングポートになります。

　スパニングツリープロトコルは、ブロッキングポートでBPDUを受信しなくなると、フォワーディングポートに遷移します。

■ 障害時の状態遷移

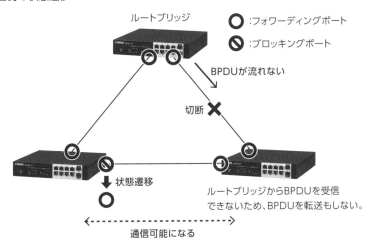

ルートブリッジ

◯：フォワーディングポート

🚫：ブロッキングポート

BPDUが流れない

切断 ✖

状態遷移

ルートブリッジからBPDUを受信できないため、BPDUを転送もしない。

通信可能になる

その際、いきなりフォワーディングポートになってループしないように、20秒待ってからリスニング状態(15秒)とラーニング状態(15秒)を経由して、フォワーディングポートになります。

■ スパニングツリープロトコルの状態遷移

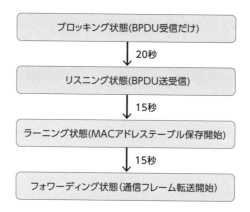

この場合、切り替えは50秒かかることになります。スパニングツリープロトコルは、このように切り替えにかなり時間がかかります。

1.6.3 リンクアグリゲーション

複数のポートを1つのポートのように扱うことができます。これを、リンクアグリゲーションと言います。

リンクアグリゲーションを使うと、複数のポートに通信を負荷分散させることができます。

■ リンクアグリゲーションのしくみ

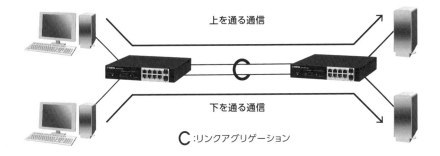

上を通る通信

下を通る通信

C ：リンクアグリゲーション

　LAN スイッチ間が2本のケーブルで接続されているためループ状態ですが、スパニングツリープロトコルのようにブロッキングポートにはならず、どちらも通信が可能になります。リンクアグリゲーションのポートで受信したフレームは、同じリンクアグリゲーションを構成するポートに送らないため、ループしません。

　何本のポートを束ねられるかは、装置の仕様によって異なります。例えば、8つのポートを束ねたりできる装置もあります。束ねるポートの数が多いほど、大量の通信にも対応できます。

　もし、ポートの1つがダウンした場合でも、残りのポートで通信が継続できます。

　また、リンクアグリゲーションにはスタティックリンクアグリゲーション（固定設定）と LACP（Link Aggregation Control Protocol）リンクアグリゲーション（自動設定）があります。

　スタティックリンクアグリゲーションの場合は、常に設定したポートはリンクアグリゲーションに組み込まれます。

　LACP リンクアグリゲーションの場合は、対向装置間で LACP というプロトコルを使ってネゴシエーションした後、可能なポートだけ組み込まれます。その際、以下2つのモードがあります。

■LACPリンクアグリゲーションの2つのモード

モード	説明
アクティブモード	LACP を自発的に送信し、ネゴシエーションを開始する。
パッシブモード	LACP は自発的に送信しない。相手から LACP が送信された場合は、ネゴシエーションを開始する。

　このため、両方の LAN スイッチがパッシブモードの場合は、リンクアグリゲーションが構成されません。推奨は、アクティブモードです。

1.6.4 **スタック**

リンクアグリゲーションがポートを束ねる技術であるのに対し、スタックは LAN ス
イッチを束ねる技術です。

■**スタックのしくみ**

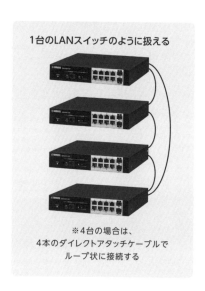

LAN スイッチ間は、ダイレクトアタッチケーブルという装置固有のケーブルを使っ
てループ状に接続します。

スタックすると、台数分の設定を行う必要がなく 1 台の装置として設定できます。
また、監視を行う場合でも 1 台として扱えるため、多数の LAN スイッチがあるネット
ワークでは管理を簡略化できます。

また、1 台の LAN スイッチでフレームを受信した場合でも、ダイレクトアタッチケー
ブルを通して他の LAN スイッチにもフレームが送信されます。

■ スタックした時のダイレクトアタッチケーブルを経由した通信

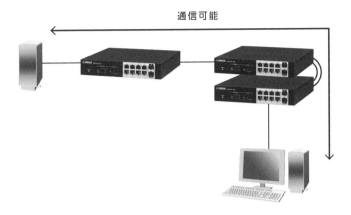

スタックは、LAN スイッチを増設する時も便利です。スタックの機能がない場合、LAN スイッチのポートが不足して増設する時は、簡易的には以下のように増設可能です。

■ スタックできない場合のLANスイッチ増設（既存配下）

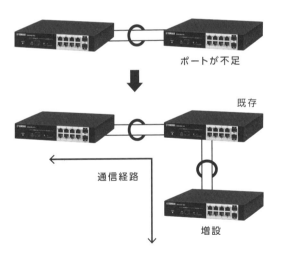

この場合、既存の LAN スイッチが故障すると増設した LAN スイッチに接続されたパソコンも、図で示した通信経路で通信できなくなってしまいます。これを避ける場合、次のように増設します。

■ スタックできない場合のLANスイッチ増設（ケーブル敷設）

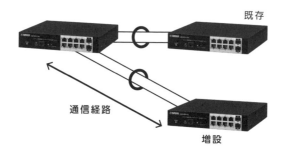

このように接続した場合、増設した LAN スイッチに接続されたパソコンは既存 LAN スイッチの故障に影響を受けませんが、接続先の LAN スイッチとの間にケーブルが必要です。ケーブルが余っていれば問題ありませんが、距離があったり建屋をまたがって光ファイバーケーブルを敷設しないといけなかったりする場合は、コストも時間もかかって容易ではありません。

スタックの機能を持っている場合は、以下のように容易に増設可能です。

■ スタックできる場合のLANスイッチ増設

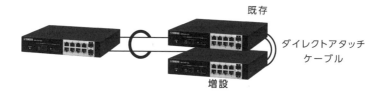

リンクアグリゲーションは、スタックされた LAN スイッチにまたがって使うことができます。このため、リンクアグリゲーションを構成する内の1つのポートがダウンしても、スタックされた2台の LAN スイッチはどちらも通信を継続できます。

また、1台が故障した時でも、もう1台は通信を継続させることができます。その後、故障した LAN スイッチを交換する時は、設定がもう1台に保存されているため、再設定が不要です。接続すると、自動で設定が反映されて使えるようになります。

1.6.5 VRRP

VRRP (Virtual Router Redundancy Protocol) は、デフォルトゲートウェイを冗長化する技術です。

パソコンなどは、デフォルトゲートウェイがダウンするとサブネットをまたがる通信ができなくなってしまいますが、VRRPを利用することで通信を継続させることができます。

VRRPは、複数のルーターを1台の仮想的なルーターに見せることができる技術です。

■ VRRPのしくみ

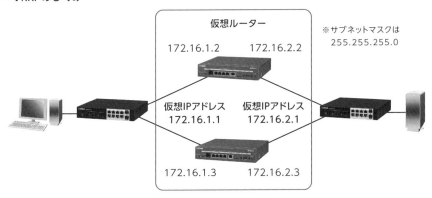

※理解しやすさのため上記で表現していますが、正確には
仮想IPアドレス単位に仮想ルーターが構成されます。

上の図で、各ルーターのポートに設定された IP アドレスに対して、172.16.1.1 と 172.16.2.1 は仮想IPアドレスと呼ばれます。また、仮想ルーターに属するルーターの内、1台のみアクティブになります。

パソコンやサーバーは、仮想 IP アドレスをデフォルトゲートウェイに設定します。仮想 IP アドレスをゲートウェイとするパケットは、アクティブなルーターがルーティングを行って、サブネットをまたがる通信が可能になります。

VRRPは、VRID (Virtual Router ID) をグループ番号として使います。例えば、VRIDが1番の2台のルーター、VRIDが2番の3台のルーターはセットとしてそれぞれ1台の仮想ルーターになります。

■ VRIDでグループ分けされる

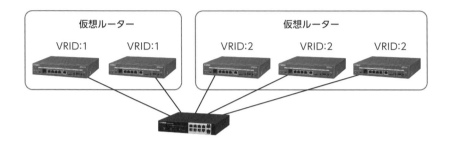

　ルーターが起動されると、マルチキャストアドレスの224.0.0.18宛てにVRRPパケットを送信します。VRRPパケットにはVRIDや優先度が入っており、自身に設定されたVRIDと同じであれば同じグループと認識します。

　また、優先度に従ってアクティブになるルーターが決定されます。このルーターをマスタールーターと言い、その他のルーターはバックアップルーターと言います。

　仮想IPアドレスは、ルーターのポートのIPアドレスと同じにすることもできます。この場合は、仮想IPアドレスと同じIPアドレスを持つルーターがマスタールーターになります。また、別にIPアドレスを設定することも可能です。

　マスタールーターは、デフォルトでは1秒間隔でVRRPパケットを送信し続けます。バックアップルーターはVRRPパケットを送信しませんが、マスタールーターのVRRPパケットを監視しています。

　マスタールーターのVRRPパケットが3秒間届かない場合、マスタールーターがダウンしたと判断し、優先度に従って次のマスタールーターが決定され、新しいマスタールーターがルーティングするようになります。

■VRRP切り替えのしくみ

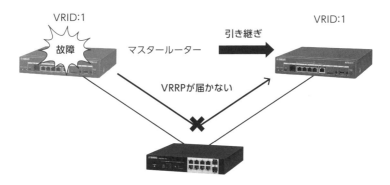

このため、3秒程度でマスタールーターのダウンを検知して切り替えが可能です。
切り替わった後、ダウンしたルーターが復帰した場合、以下のように動作します。

●仮想 IP アドレスと同じ IP アドレスを持つルーターの場合
マスタールーターに戻ります。

●仮想 IP アドレスと同じでないルーターの場合
プリエンプトモードが有効 (デフォルト) の場合、マスタールーターに戻ります。
プリエンプトモードを無効にすると、マスタールーターに戻りません。

プリエンプトモードは、通常はデフォルト (有効) のまま使います。ただし、優先度
の高いルーターが頻繁にダウンすると、その度に切り替えが発生してしまいます。こ
のような場合は、無効にしてマスタールーターに戻らないようにします。

1.6.6 インターネット接続のバックアップ

　インターネットと通信できなくなった時、バックアップ回線に切り替えることができます。以下に、3通りの方法を説明します。

ネットワークバックアップ

　重要な接続先を ICMP Echo（72ページで説明）で監視し、Replayがないと経路を切り替える方法です。

■ネットワークバックアップのしくみ

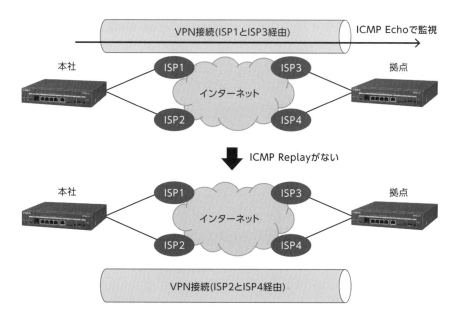

　ネットワークバックアップは、ヤマハルーター独自の機能です。

フローティングスタティック

　BGPなどでインターネットからルーティング情報を受信している時、動的ルーティング情報が受信できなくなった場合に、静的ルーティングの経路に切り替える方法です。

■フローティングスタティックのしくみ

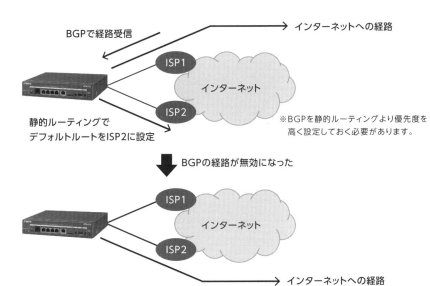

■インターフェースバックアップ

ISPとの接続でダウンを検知した時、バックアップ側のISPに切り替える方法です。

■インターフェースバックアップのしくみ

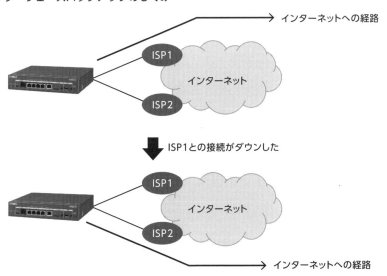

1.6 冗長化技術　まとめ

- 冗長化には、アクティブ・スタンバイとアクティブ・アクティブ(負荷分散)の方法がある。
- スタンバイ形態には、コールドスタンバイ、ウォームスタンバイ、ホットスタンバイがある。
- スパニングツリープロトコルは、ブロッキングポートを作ることでループを防ぐ。障害が発生して BPDU を受信しなくなると、ブロッキングからフォワーディングポートに遷移して通信を復旧させる。
- リンクアグリゲーションは、複数のポート(ケーブル)を1つのポートに束ねる。通信を複数ポートに負荷分散させるが、障害があった時は残ったポートで通信が継続できる。
- スタックは、複数の LAN スイッチを束ねる。1台の LAN スイッチのように、設定や管理ができる。
- VRRPは、複数のルーターを1台の仮想ルーターとして束ねる。アクティブルーターがルーティングを行うが、故障すると他のルーターが引き継いで、通信を継続させる。
- インターネット接続のバックアップには、ネットワークバックアップ、フローティングスタティック、インターフェースバックアップがある。特徴は、以下のとおり。

  ・ネットワークバックアップは、ICMP Echo の監視で応答がないと切り替える。
  ・フローティングスタティックは、動的ルーティング情報が途切れると静的ルーティング経路に切り替える。
  ・インターフェースバックアップは、ISP との接続でダウンを検知した時に切り替える。

1.7 ICMP関連技術

ネットワークを構築した時やトラブルが発生した時、通信確認をすることがあります。また、ルーターやLANスイッチなどが通知や修正をメッセージとして送信することがあります。

本章では、これらを実現するICMP (Internet Control Message Protocol) 関連の技術について説明します。

1.7.1 ICMP

ICMPは、通信確認やパケットが届かなかったときの理由などを送信するときに使われるプロトコルです。

ICMPは、TCPやUDPは使わずにIPパケットの中で直接使われます。

■ICMPの構造

ICMP

情報	コード	タイプ	IPヘッダー	フレームのヘッダー
可変	8 bit	8 bit	可変	112 bit

※説明に必要なポイントのみ記載しています。

タイプは、ICMPのメッセージ種別 (ICMPが何を意味しているのか) を示し、タイプごとに情報部分に入るデータが異なります。次の表は、タイプの一覧です。

■ICMPタイプの一覧

タイプ	メッセージ	説明
0	Echo Reply	Echo Request に対する応答
3	Destination Unreachable	宛先まで届かない
5	Redirect	よりよい通信経路に変更依頼
8	Echo Request	Echo Reply の要求
9	Router Advertisement	デフォルトゲートウェイ広報
10	Router Solicitation	デフォルトゲートウェイ要求
11	Time Exceeded	許容可能なルーターの数を越えたため破棄した
12	Parameter Problem	パラメーターに問題があるため破棄した
13	Timestamp	Timestamp Reply の要求
14	Timestamp Reply	Timestamp への応答

次からは、各タイプについて説明します。

1.7.2 ping

タイプ0（Echo Reply）とタイプ8（Echo Request）は、pingで使われます。pingは、パケットが相手先まで届くのか確認する時に使います。Windowsであれば、コマンドプロンプトで実行できます。

```
C:¥>ping 172.16.20.1

172.16.20.1に ping を送信しています 32 バイトのデータ：
172.16.20.1 からの応答：バイト数 =32 時間 =11ms TTL=54
172.16.20.1 からの応答：バイト数 =32 時間 =11ms TTL=54
172.16.20.1 からの応答：バイト数 =32 時間 =12ms TTL=54
172.16.20.1 からの応答：バイト数 =32 時間 =12ms TTL=54

172.16.20.1 の ping 統計：
    パケット数：送信 = 4、受信 = 4、損失 = 0（0% の損失）、
ラウンド トリップ の概算時間 （ミリ秒）：
    最小 = 11ms、最大 = 12ms、平均 = 11ms
```

コマンドプロンプトで「ping 通信先 IP アドレス」を実行すると、指定の IP アドレスとの通信確認が行えます。11ms (ミリ秒) などは、相手からの応答時間です。

上記例では、損失 =0 のため4回送信したパケットは、すべて通信先から応答があったことになります。応答がなかった場合は、損失の数が表示されます。

ping は、ICMP の Echo Request を送信して、Echo Reply の応答を受信することで、通信が到達していることを確認します。

ping は、構築した後の通信確認やトラブル対応した後に、通信ができているか確認する時に良く使われます。

1.7.3　Destination Unreachable

タイプ 3 (Destination Unreachable) は、通信ができない時に送信元のパソコンに向けて送信されます。

Destination Unreachable は、ICMP の構造で示した中にある 8bit のコードによって、通信ができない原因が判断できるようになっています。以下は、コードの一覧です。

■**Destination Unreachable のコード一覧（主なもの）**

コード	意味	説明
0	network unreachable	相手ルーターがダウンして ARP 解決できないなど
1	host unreachable	サーバーがダウンして ARP 解決できないなど
3	port unreachable	サーバーまでたどり着いたが、ポートが解放されていない
4	fragmentation needed and DF set	フラグメントが必要だが、IP パケットのフラグが DF(フラグメント不可) になっている
6	destination network unknown	宛先 IP アドレスがルーティングテーブルにない

例えば、Web サーバーに対して通信をした際、ポート 80 番宛てに通信を送信したけども、サーバー側で80番を受け付けてなかった (Web サーバーのサービスが起動していない) 時、コード 3 (port unreachable) がパソコンに送信されます。これによって、何故通信が成立しなかったか判断する材料を得ることができます。

1.7.4　Redirect

　タイプ 5（Redirect）は、よりよい経路への変更依頼です。例えば、次のネットワークがあったとします。

■ICMPのRedirectのしくみ

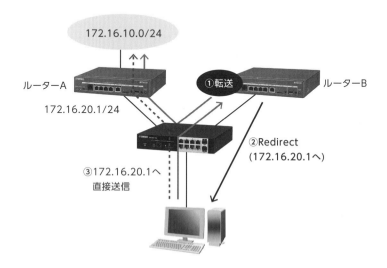

　パソコンのデフォルトゲートウェイがルーター Bになっていて、他に経路を設定していないとします。この場合、パソコンから172.16.10.0/24へ通信する際、パケットをルーター Bに送信します。この時、ルーター Bのルーティングテーブルでは172.16.10.0/24のゲートウェイがルーター Aになっていると、ルーター BはルーターAに①転送を行います。それとともに、パソコンに②ICMP の Redirectを送信して、経路をルーター Aに変更するよう要求します。これによって、次のパケットからパソコンは③ 172.16.20.1 へ直接送信するようになります。

　ただし、最近のパソコンでは ICMP Redirectの受信は、セキュリティを考慮して遮断されます。この場合、常に①で転送が行われることになります。転送させないためには、パソコンで静的ルーティングによって172.16.10.0/24へのゲートウェイは172.16.20.1 と設定が必要です。（例：管理者権限でコマンドプロンプトを起動して、`route -p add 172.16.10.0 mask 255.255.255.0 172.16.20.1`を実行）

1.7.5 Router Solicitation と Router Advertisement

タイプ10（Router Solicitation）は、パソコンでデフォルトゲートウェイを自動設定する時に送信されます。ルーターからタイプ9（Router Advertisement）が応答され、その情報部分にデフォルトゲートウェイのIPアドレスが含まれます。パソコンでは、そのIPアドレスをデフォルトゲートウェイに設定します。

■ Router SolicitationとRouter Advertisementのしくみ

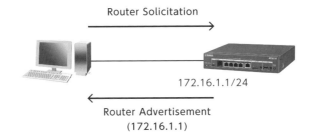

1.7.6 tracert

タイプ11（Time Exceeded）は、tracertで使われます。tracertは、Windowsのコマンドプロンプトで実行できるコマンドです。通信先までの間で、経由するルーターのFQDN（Fully Qualified Domain Name）やIPアドレスを表示します。

```
C:¥>tracert 172.16.8.1
172.16.8.1 へのルートをトレースしています
経由するホップ数は最大 30 です:

  1    1 ms    1 ms    5 ms  a.example.com  [172.16.1.1]
  2   26 ms    8 ms    8 ms  b.example.com  [172.16.2.1]
  3    9 ms    9 ms    9 ms  c.example.com  [172.16.3.1]
  4    9 ms    9 ms   21 ms  d.example.com  [172.16.4.1]
  5   17 ms   18 ms   17 ms  e.example.com  [172.16.5.1]
  6   19 ms   18 ms   18 ms  f.example.com  [172.16.6.1]
  7   19 ms   19 ms   19 ms  g.example.com  [172.16.7.1]
  8   20 ms   19 ms   19 ms  sv.example.com [172.16.8.1]

トレースを完了しました。
```

　sv.example.comが通信先のFQDNで、172.16.8.1がIPアドレスです。その上には、経由したルーターのIPアドレスが表示されています (a.example.comなどのFQDNも表示されていますが、IPアドレスからDNS (Domain Name System)を使って取得したものです)。これは、IPヘッダーのTTL (Time To Live)を利用してIPアドレスを取得しています。

　TTLは、パケットが永遠に回り続けないように、ルーターを通る度に1引かれます。TTLが0になった時点でパケットは破棄され、ICMPのTime Exceededが返ってきます。

　tracert コマンドは、パケットのTTLを最初1にしてICMPのEcho Requestを送信します。すると、ルーターでTTLを1引くので必ず0になるため、パケットを破棄してTime Exceededを返します。次に、2にして送信、3にして送信と、宛先IPアドレスからEcho Replayを受信するまで順番に繰り返し、その間に受信したTime Exceededの送信元IPアドレスを表示します。

■ tracertのしくみ

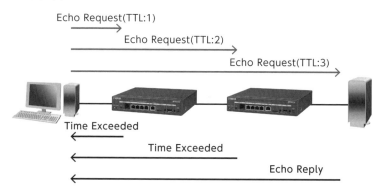

　tracertは、経由するルーターを調べる時だけでなく、どこまで通信ができているか確認する時にも使えます。

```
C:¥>tracert 172.16.8.1
172.16.8.1へのルートをトレースしています
経由するホップ数は最大 30 です:

  1    1 ms    1 ms    5 ms  a.example.com [172.16.1.1]
  2   26 ms    8 ms    8 ms  b.example.com [172.16.2.1]
  3    *       *       *     要求がタイムアウトしました。
  4    *       *       *     要求がタイムアウトしました。
・・・
トレースを完了しました。
```

ルーターから応答がない場合は、「要求がタイムアウトしました。」と表示されます。このため、上記では172.16.2.1までは通信できていますが、その先が通信できていないことがわかります。つまり、その先のルーターで障害があるなど、被疑箇所を絞り込むのに役立ちます。

1.7.7　Parameter Problem

タイプ12(Parameter Problem)は、パケットに問題があってルーターが破棄した時に送信元のパソコンへ向けて送信されます。

■Parameter Problemのしくみ

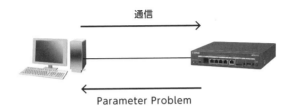

通信

Parameter Problem

この時、問題となったパケットの中身や位置を情報部分で示します。

1.7.8　TimestampとTimestamp Reply

タイプ13(Timestamp)とタイプ14(Timestamp Reply)は、通信時間計測のために使われます。両タイプともに、情報部分には以下のフィールドがあります。

　・Originate Timestamp(起点時間)
　・Receive Timestamp(受信時間)
　・Transmit Timestamp(送信時間)

時間は、すべてUTC(協定世界時)0時からの経過時間(ms)です。

Timestampは、計測したい側から送信します。その際、Timestampを送信した起点時間を設定します。Timestampを受信した側は、Timestamp Replyで応答します。その応答では、Timestampを受信した時間と、Timestamp Replyの送信時間を設定します。

■Timestamp と Timestamp Reply

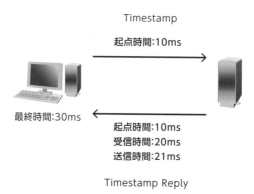

Timestamp

起点時間:10ms

最終時間:30ms

起点時間:10ms
受信時間:20ms
送信時間:21ms

Timestamp Reply

　上記では、サーバーに届くまで10ms（20ms[受信時間]－10ms[起点時間]）、サーバーからパソコンまでは9ms（30ms[最終時間]－21ms[送信時間]）かかっていることがわかります。

1.7　ICMP関連技術　まとめ

- ICMPは、タイプで何のメッセージなのかが判別できる。
- pingは、ICMPのタイプ0（Echo Reply）とタイプ8（Echo Request）を使う。
- tracertは、ICMPのタイプ11（Time Exceeded）を利用している。

1.8 運用管理関連技術

　ネットワークを構築した後の運用管理では、障害のチェック (障害監視)、構成変更
のチェック (構成管理)、稼働状況のチェック (稼働監視) などが必要です。

　本章では、ネットワークの運用管理に関連する技術について説明します。

1.8.1　SNMP

　SNMP (Simple Network Management Protocol) は、構成や稼働情報を収集でき
る MIB (Management Information Base) と、障害発生などを通知する TRAP によって、
管理・監視を行います。

■ SNMPのしくみ

MIBでホスト名を教えて

ホスト名はyamahaです

エージェント

マネージャー

TRAPで障害を通知

　SNMP によって管理・監視される側をエージェント、管理・監視する側をマネージャー
と言います。エージェントは、LAN スイッチやルーター、無線 LAN アクセスポイン
トなどです。マネージャーは、サーバー上に OSS (Open Source Software) などで構
築します。

　マネージャーは、エージェントに対して MIB の値を要求（Read）します。MIB には、
ホスト名 (システム名) やポートが UP ／ DOWN している、通信量などの情報があり
ます。また、MIB の値を書き換える (Write) こともできます。

　TRAP は、装置に障害が発生したときなど、エージェントからマネージャーに通知す
るものです。

SNMPには、バージョンがあります。以下は、各バージョンの説明です。

■SNMPのバージョン

バージョン	説明
SNMPv1	MIB の値を 1 つずつ取得します。TRAP は UDP で送信し、応答がありません。コミュニティ名で認証します。
SNMPv2c	MIB の値を 1 度に複数取得できます。TRAP だけでなく、Inform で通知が可能です。Inform では、通知に対して応答を求め、応答がないと再送することができます。コミュニティ名で認証します。
SNMPv3	コミュニティ名ではなく、ユーザー名とパスワードで認証します。また、暗号化することもできます。

コミュニティ名とは、パスワードのようなものです。エージェントとマネージャーの間で、設定したコミュニティ名が一致している必要があります。また、コミュニティ名は平文で送信されるため、途中で傍受される可能性があります。

SNMPv3 では、SNMPv2c から比較すると、以下のようにセキュリティ面で大幅な強化がされています。

● SNMP エンティティ
マネージャーとエージェントの名称を廃止し、SNMP エンティティと表現します。SNMP エンティティは、1 つの SNMP エンジンを持ち、エンティティを特定する識別子として使われます。

● VACM(View-based Access Control Model)
SNMP を利用できるユーザーを作成してグループ分けし、グループがアクセスできる MIB に制限をかけることができます。

● USM(User-based Security Model)
ユーザーの認証時にハッシュを使います。このため、コミュニティ名で認証する SNMPv1 や v2c と比べて、傍受される危険が少なくなります。

1.8.2 MIB

MIBは、もともと MIB-II として規定され、その後規定が増えています。これらの規定された MIB を標準 MIB と呼びます。また、メーカーや装置独自の MIB もあり、プライベート MIB と呼ばれます。

MIBは、MIB ツリーと言われるツリー構造になっています。

■MIBツリー

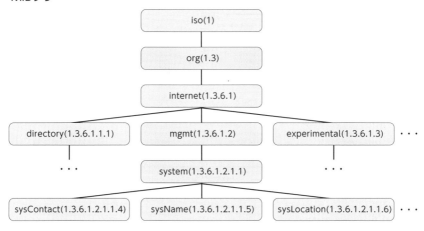

上記は、MIBの一部です。MIBは、OID（オブジェクト ID）によって指定し、その値を取得したり、書き換えたりできます。上記で、sysNameの値を取得する時は、OIDが 1.3.6.1.2.1.1.5 であることがわかります。sysNameは、LAN スイッチやルーターなどのホスト名を示します。

このため、GET コマンド（Readするためのコマンド）で 1.3.6.1.2.1.1.5 を指定すると、ホスト名が取得できます。また、GET NEXT コマンドを送信すると、次の sysLocationの値が取得できます。sysLocationは、機器の設置場所を示します。

SET コマンド（Writeする時のコマンド）では、MIBの値を変更できます。

OIDではなく、sysNameなどのオブジェクト名を指定して取得・変更ができるマネージャーもあります。

1.8.3 RMON

RMON (Remote network MONitoring) とは、離れた場所にあるネットワークの統計情報やパケットをプローブと呼ばれる機器で採取し、サーバーに送信して稼働監視や障害監視を行うものです。

■ RMONの動作

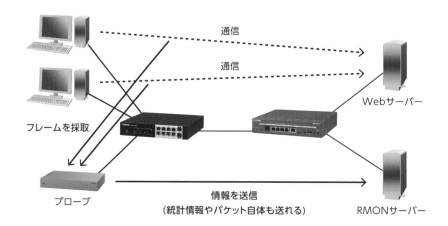

プローブによってフレームを採取して通信量などの測定ができますが、LAN スイッチには MAC アドレステーブルがあって、通信に関係しないプローブにはフレームが送信されないため採取が困難です。そこで、プローブに代わって LAN スイッチで情報収集できるようになりました。これは、MIBの一部として、RMON MIB (OID:1.3.6.1.2.1.16) で実装されています。

RMON MIBには、配下に以下のグループがあります。

● **statistics グループ**
受信パケット数、オクテット数、コリジョン数などの統計情報を保持しています。

● **history グループ**
一定期間ごとの統計情報 (statistics グループの統計情報) を保持しています。どのくらいの間隔ごとに履歴として保持して、その数はいくらまで保存するのかなどの情報もあります。これによって、例えばコリジョン数が増えてきたなどがわかります。

● **alarm グループ**
監視対象とする MIB としきい値、監視する間隔などの情報を保持しています。例

えば、監視対象がしきい値を超えたときに、event グループで指定したアクショ
ンを行います。

● event グループ

イベントが発生した時 (alarm でしきい値を超えたり下回ったりした時) に、ログ
に出力するのか、TRAP を送信するのかなどの情報を保持します。

例えば、SNMP マネージャーで常に MIB を採取していなくても、コリジョン数がし
きい値を超えた時、LAN スイッチが TRAP によって通知するといったことが可能です。

1.8.4 **NTP**

NTP (Network Time Protocol) は、時刻同期するためのプロトコルです。

ルーターなどに手動で時刻を設定しても、正確な時刻を継続できないため、少しず
つズレてきます。時刻が正確でない場合、ログを確認すると、障害が発生した時間と
違う時間でログが表示されたりします。こうなると、障害調査に支障をきたします。

NTP を利用すると、定期的に上位の NTP サーバーと時刻を同期させるため、ほとん
ど時刻のズレがありません。

NTP は、階層構造になっており、最上位は原子時計などで正確な時間を刻んでいます。

■ NTPのしくみ

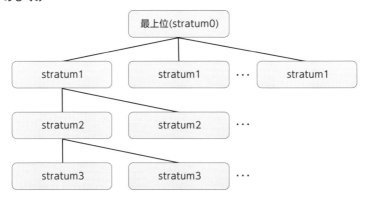

各stratumは、NTPサーバーになります。

下位の機器は、1 つ上位の NTP サーバーを指定して時刻同期を行います。また、複
数の上位 NTP サーバーを指定してより正確な時刻に補正したり、ネットワークの遅延

を計測して時刻を補正したりすることができます。つまり、最上位とほとんど時刻のズレがない状態にできるということです。

　日本では、NICT（国立研究開発法人 情報通信研究機構）が stratum1 を公開しています。このため、NICTの NTP サーバー（ntp.nict.jp）に時刻同期すれば、stratum2で動作します。組織で、インターネットに NTP で接続できる1台から2台を stratum2として動作させ、その NTP サーバーに他の機器を同期させるといった構成をとることが可能です。

　NTP は、協定世界時（UTC）を使っていて、世界中で同じ時間（世界で統一の時間）を示します。日本時間（JST）は、UTC から9時間進んでいるため、NTP で取得した時間から9時間プラスして表示が必要です。この JSTなどを、タイムゾーンと言います。国や地域ごとにタイムゾーンが定められていて、日本では9時間進んだ JSTが使われているということです。

1.8　運用管理関連技術　まとめ

- SNMPv1 と v2c では、SNMP マネージャーとエージェントの間でコミュニティ名が一致している必要がある。
- SNMPv3 では、ユーザーを作成してグループに所属させ、グループ単位にアクセス可能な MIB を定義できる。
- NTP は、時刻同期するためのプロトコルで、階層構造になっている。

問1　OSPF でエリア間を接続するルーターはどれですか？

- **a)**　ASBR
- **b)**　内部ルーター
- **c)**　ABR
- **d)**　マスタールーター

問2　動的ルーティングの経路情報が失われた時、静的ルーティングの経路に切り替えるバックアップ方法を何と言いますか？

- **a)**　インターフェースバックアップ
- **b)**　ネットワークバックアップ
- **c)**　スパニングツリープロトコル
- **d)**　フローティングスタティック

解答

問1　**正解は、c) です。**

a) ASBR は、外部経路と接続するルーターです。**b)** 内部ルーターは、すべてのポートが1つのエリアだけに属するルーターです。**d)** マスタールーターは、VRRP でアクティブになっているルーターです。

問2　**正解は、d) です。**

a) インターフェースバックアップは、ポートのダウンを検知して切り替えます。**b)** ネットワークバックアップは、ICMP Echo の応答がなくなると切り替えます。**c)** は、ループ防止と冗長化を実現するプロトコルです。

2章

中規模ネットワークの構築

2章では、ネットワークを構築するための検討内容や機器への設定方法をシミュレーション形式で説明していきます。

2.1 ネットワーク構成

　最初に、構築をシミュレーションする上で前提となるネットワーク構成や、利用する技術などについて説明します。

2.1.1 前提とするネットワーク構成

　前提とするネットワーク構成は、次のとおりです。接続は、すべて1000BASE-Tとします。

■前提とするネットワーク構成

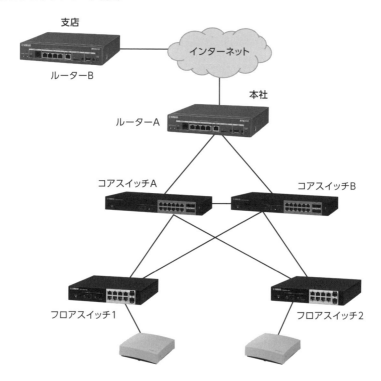

本社は、コアスイッチ2台を中心としたネットワークです。コアスイッチは、L3スイッチとしてルーティングを行います。また、フロアスイッチにはL3またはL2スイッチが使えますが、ここではL3スイッチを用います。

一般的に、本社のルーターやコアスイッチは計算機室（サーバーや通信機器などを設置する部屋）などに設置し、フロアスイッチは、フロアごとに設置します。一つのフロアでも広さなどに応じて複数のフロアスイッチを設置することもあります。フロアスイッチの先にアクセススイッチなどL2スイッチを接続し、その先にパソコンなどを接続することで、ネットワークが使えるようになります。今回は、フロアスイッチに直接パソコンを接続する構成のため、アクセススイッチを割愛します。

この構成の良いところは、フロアスイッチの設置が増えた場合でもコアスイッチに接続すればよく、他のフロアスイッチとほとんど同じ設定で追加が可能なことです。つまり、追加時に検討項目が少なくて、失敗する可能性も軽減できます。

また、コアスイッチを冗長化しているため、障害でネットワーク全体が停止してしまう可能性を少なくできるのもメリットです。

2.1.2　利用する技術

前提とするネットワーク構成で、利用する主な技術は以下のとおりです。

● インターネットとの接続

インターネットとの接続はPPPoEとし、動的IPマスカレード（NAPT:Network Address Port Translationとも言います）によりアドレス変換を行います。

● 本社と支店の接続

本社と支店は、IPsec（IP Security Architecture）により拠点間をVPN接続し、同じLANに接続している時と同等に使えるようにします。

● ルーターとコアスイッチの接続

OSPFにより、ルーティングします。この際、コアスイッチAの経路を優先し、障害があった時にコアスイッチBに切り替わるようにします。

● コアスイッチとフロアスイッチの接続

スパニングツリープロトコルとVRRPを有効にし、通常時はコアスイッチAを経由した通信、障害があった時はコアスイッチBを経由した通信に切り替わるようにします。

● 無線LAN

2つの利用形態を設けます。1つは、社員が利用する無線LAN専用のVLANに接続します。もう1つはゲスト用として、訪問客が利用できるようにします。

　なお、インターネットとの接続部分ではフィルタリングが必要ですが、5章でセキュリティについてまとめているため、5.7節「ヤマハルーターのセキュリティ機能設定」で説明します。

2.1.3　利用する機器

　今回、構築で利用する機器は、以下のとおりです。

ルーター

　ルーターは、ヤマハ RTX830 とします。RTX830 は、PPPoE、IP マスカレード、IPsec、OSPF など、必要な機能を持っています。

■RTX830

コアスイッチとフロアスイッチ

　コアスイッチは、ヤマハ SWX3220-16MT とします。フロアスイッチは、SWX3100-10G とします。どちらも、スパニングツリープロトコルに対応しています。また、SWX3220-16MT は OSPF と VRRP にも対応しています。

■SWX3220-16MTとSWX3100-10G

SWX3220-16MT

SWX3100-10G

　なお、SWX3100-10G は RIP など一部の L3 スイッチ機能も持っていて、ヤマハではライト L3 スイッチと説明しています。今回は、L3 の機能は使いません。

無線 LAN アクセスポイント

WLX413 と WLX212 を使います。VAP（Virtual Access Point）の機能により、SSID（Service Set Identifier）ごとに接続する VLAN を変えることができます。

■ WLX413とWLX212

WLX413   WLX212

なお、これ以外の機種でも必要な機能を持っていれば、以降で説明する設定はほとんど同じです。

2.1　ネットワーク構成　まとめ

● コアスイッチを中心としたスター型ネットワークであれば、居室や建屋が増えた場合でもフロアスイッチの増設が容易になる。
● スター型ネットワークでは、コアスイッチを2台設置することで経路の冗長化ができる。

2.2 初期設定

通信に関連する設定を行う前に、パスワードの変更など基本的な設定が必要です。

本章では、初期設定の説明をするとともに、システム稼働情報やログの確認方法についても説明します。

2.2.1 ヤマハルーターの初期設定

次からは、ヤマハルーターの初期設定を手順形式で説明します。

1. TELNET での接続

ヤマハルーターは、デフォルトで TELNET による接続が可能になっています。

デフォルトの IP アドレスが 192.168.100.1 で、サブネットマスクが 255.255.255.0 になっています。このため、パソコンの IP アドレスを 192.168.100.100、サブネットマスクを 255.255.255.0 などに設定してから接続します。

接続後は、以下のようにパスワードを聞かれます。初期状態ではパスワードが設定されていないため、そのまま Enter キーを押すと、ログインできます。ログイン後のプロンプトは、以下の最後の行のように「>」と表示されます。

```
Password:                      ←そのまま Enter キー

RTX830 Rev.15.02.20 (Fri Apr 16 09:37:54 2021)
Copyright (c) 1994-2021 Yamaha Corporation. All Rights Reserved.
To display the software copyright statement, use 'show copyright'
command.
00:a0:de:e7:91:78, 00:a0:de:e7:91:79
Memory 256Mbytes, 2LAN

The login password is factory default setting. Please request an
administrator to change the password by the 'login password' command.
>                              ←ここでコマンドを実行する
```

ログイン後は、administratorコマンドを実行すると管理ユーザーになって、設定や情報の表示が行えます。プロンプトも「>」から「#」に変わります。管理ユーザーに移行するときは、パスワードを聞かれます。初期状態では、そのままEnterキーを押します。

　なお、telnetd service offを実行すると、TELNET接続を停止できます。また、telnetd host 192.168.100.2とすると、指定したIPアドレスからだけTELNET接続が可能になります。telnetd host lanとすれば、LAN側からだけ接続を受け付けます。

2. SSHでの接続

　SSH (Secure Shell) で接続するためには、いったんTELNETで接続して管理ユーザーになった後、以下のコマンドを設定する必要があります。

```
# login user user01 pass01          ①
Password Strength : Weak
# sshd host key generate            ②
Generating public/private dsa key pair ...
¦*******
Generating public/private rsa key pair ...
¦*******
# sshd service on                   ③
```

　① login user user01 pass01
　　ユーザー名user01を作成して、パスワードをpass01に設定しています。

　② sshd host key generate
　　暗号化のための鍵を作成しています。

　③ sshd service on
　　SSHで接続できるように、サービスを有効にしています。

　以上の設定で、SSHを使ってログインできるようになります。その際、ユーザー名とパスワードを聞かれますが、上記で設定したものを使います。

　また、TELNETと同様にsshd host 192.168.100.2とすると、指定したIPアドレスからだけSSH接続が可能になります。sshd host lanとすれば、LAN側からだけ接続を受け付けます。

3. パスワードの変更

TELNETで接続したときのパスワード(ログインパスワード)は、login password コマンドで変更できます。

```
# login password                    ①
Old_Password:
New_Password:
New_Password:
```

①login passwordと入力すると、Old_Passwordで今のパスワードを聞かれます。初期状態の場合は、そのままEnterキーを押します。New_Passwordで新しいパスワードを聞かれるため、入力します。もう1度、New_Passwordを聞かれるため、同じ値を入力します。

管理パスワード(administrator コマンドで管理ユーザーへ移行するときのパスワード)は、administrator password コマンドで変更できます。

```
# administrator password
Old_Password:
New_Password:
New_Password:
```

今のパスワードと、新しいパスワードを入力するのは、ログインパスワード設定のときと同じです。

4. システム動作状況の確認

ヤマハルーターの動作状況は、show environment コマンドで確認できます。

```
# show environment
RTX830 BootROM Ver. 1.00
RTX830 FlashROM Table Ver. 1.00
RTX830 Rev.15.02.20 (Fri Apr 16 09:37:54 2021)
  main:  RTX830 ver=00 serial=M5B002686 MAC-Address=00:a0:de:e7:91:78
MAC-Address=00:a0:de:e7:91:79
CPU:   0%(5sec)   0%(1min)   0%(5min)   メモリ: 25% used
パケットバッファ:   0%(small)   0%(middle)  10%(large)   0%(huge) used
ファームウェア: internal
実行中設定ファイル: config0  デフォルト設定ファイル: config0
```

```
シリアルボーレート : 9600
起動時刻 : 2022/04/25 21:53:15 +09:00
現在の時刻 : 2022/04/25 21:53:51 +09:00
起動からの経過時間 : 0 日 00:00:36
セキュリティクラス レベル : 1, FORGET: ON, TELNET: OFF
```

　CPUやメモリの使用率、起動時刻などが確認できます。また、ヤマハルーターは設定ファイルが複数持てるのですが、現在実行しているファイルが「実行中設定ファイル」で表示されています。「デフォルト設定ファイル」は、次の起動時に読み込む設定ファイルです。

　今ログインしているユーザーの情報は、show status user コマンドで確認できます。

```
# show status user
   (*: 自分自身のユーザー情報 , +: 管理者モード , @: RADIUS での認証 )
   ユーザー名     接続種別      ログイン        アイドル      IP アドレス
-----------------------------------------------------------------
*+ user01      ssh1        04/25 21:56    0:00:00   192.168.100.100
```

5. ログレベルの変更

　出力するログのレベルは、以下に分けられています。

■出力するログのレベル

レベル	得られる情報	初期状態
info	各種機能の動作情報	on
notice	パケットフィルタリングで破棄された情報	off
debug	デバッグ用の情報	off

　各レベルは、syslogに続けて以下のコマンドで有効にできます。

```
# syslog info on
# syslog notice on
# syslog debug on
```

　on 部分を off にすると、無効にできます。

また、ログは show log コマンドで表示できます。

```
# show log
2022/04/25 22:00:35: success to extract syslog
2022/04/25 22:00:35: reboot log is not saved
2022/04/25 22:00:39: [LUA] Lua script function was enabled.
2022/04/25 22:00:42: LAN1: PORT4 link up (1000BASE-T Full Duplex)
2022/04/25 22:00:42: LAN1: link up
2022/04/25 22:00:43: Previous EXEC: (unknown)
2022/04/25 22:00:43: Power-on boot
2022/04/25 22:00:43: RTX830 Rev.15.02.20 (Fri Apr 16 09:37:54 2021)
starts
2022/04/25 22:00:43: main:   RTX830 ver=00 serial=M5B002686 MAC-
Address=00:a0:de:e7:91:78 MAC-Address=00:a0:de:e7:91:79
2022/04/25 22:00:49: Login succeeded for TELNET: 192.168.100.100
2022/04/25 22:00:51: 'administrator' succeeded for TELNET:
192.168.100.100
```

　PORT4 のポートは、22時00分42秒に1000BASE-Tの全二重(Full Duplex)でアップしていることがわかります。また、22時00分49秒に192.168.100.100からログインがあった(Login succeeded)こともわかります。動作に異常がある場合、ログを見るとエラーが表示されていることがあります。

2.2.2　ヤマハ LAN スイッチの初期設定

　次からは、ヤマハ LAN スイッチの初期設定を説明します。

　なお、以後の説明で VLAN などの割り当てを変えると接続が途切れることがあります。このため、VLAN を割り当てないポート(port1.8 などポート番号が大きいポート)にパソコンを接続して設定を行う必要があります。

1. TELNET での接続

　ヤマハ LAN スイッチも、デフォルトで TELNET による接続が可能になっています。

　デフォルトの IP アドレスが192.168.100.240で、サブネットマスクが255.255.255.0になっています。このため、パソコンの IP アドレスを192.168.100.100、サブネットマスクを255.255.255.0などに設定してから接続します。

　接続後は、ユーザー名とパスワードを聞かれます。

　ファームウェアの SWX3220-16MT Rev.4.02.09 ／ SWX3100-10G Rev4.01.28 までは、初期状態でユーザー名とパスワードが設定されていません。このため、そのまま

Enterキーを押すとログインできます。ファームウェアとは、LANスイッチなどが動作するためのソフトウェアです。

SWX3220-16MT Rev.4.02.10 ／ SWX3100-10G Rev4.01.29以降は、ユーザー名もパスワードも adminでログインできます。また、ログイン後にパスワードの変更を求められます。

ログイン後のプロンプトは、以下の最後のように「SWX3100>」です。SWX3100部分は、機種によって変わります。

```
Username:          ←そのまま Enter キー、または admin
Password:          ←そのまま Enter キー、または admin

SWX3100-10G Rev.4.01.02 (Mon Dec  4 12:33:18 2017)
  Copyright (c) 2017 Yamaha Corporation. All Rights Reserved.

SWX3100>                ←ここでコマンドを実行する
```

ログイン時は、非特権 EXEC モード(ユーザーモード)です。enable コマンドを実行すると特権 EXEC モード(管理者モード)になって、設定や情報の表示が行えます。プロンプトも「SWX3100>」から「SWX3100#」に変わります。

2. SSH での接続

SSHで接続するためには、いったんTELNETで接続して特権EXECモードになった後、以下のコマンドを設定する必要があります。

```
SWX3100# ssh-server host key generate            ①
SWX3100# configure terminal                      ②
Enter configuration commands, one per line. End with CNTL/Z.
SWX3100(config)# ssh-server enable               ③
SWX3100(config)# username user01 password pass01 ④
SWX3100(config)# exit                            ⑤
SWX3100#
```

① ssh-server host key generate
暗号化のための鍵を作成しています。

② configure terminal
グローバルコンフィグレーションモードに移行して、設定が可能になります。設定を行う時は、必ずグローバルコンフィグレーションモードに移行する必要があります。

③ `ssh-server enable`

SSHで接続できるようにサービスを有効にしています。

④ `username user01 password pass01`

ユーザー名 user01 を作成して、パスワードを pass01 に設定しています。

⑤ `exit`

グローバルコンフィグレーションモードを抜けて、特権 EXEC モードに戻ります。

以上の設定で、SSHを使ってログインできるようになります。その際、ユーザー名とパスワードを聞かれますが、上記で設定したものを使います。

3. パスワードの変更

SWX3220-16MT Rev.4.02.10 ／ SWX3100-10G Rev4.01.29以前では、最初にログインした時にパスワードの変更が求められません。このため、別途パスワードを変更する必要があります。TELNETで接続したときのパスワード (ログインパスワード) は、password コマンドで変更できます。

```
SWX3100(config)# password pass01
```

上記で、パスワードは pass01 に設定されます。

特権 EXEC モードに移行するときのパスワード (管理パスワード) は、enable password コマンドで変更できます。

```
SWX3100(config)# enable password enable01
```

上記で、パスワードは enable01 に設定されます。この設定により、enable コマンドを実行すると、パスワードの入力が必要になります。

4. IP アドレスの変更

デフォルトのままでは、4台の LAN スイッチの IP アドレスが192.168.100.240 で重複するため、IP アドレスを変更します。

それぞれ、次のように割り当てることにします。

■ LANスイッチ自体のIPアドレス

設定機器	IP アドレス
コアスイッチ A	172.16.1.2
コアスイッチ B	172.16.1.3
フロアスイッチ 1	172.16.1.4
フロアスイッチ 2	172.16.1.5

※サブネットマスクは、/24 とします。

以下は、コアスイッチ A での設定例です。

```
SWX3220(config)# interface vlan1
SWX3220(config-if)# ip address 172.16.1.2/24
```

　設定すると、IP アドレスが変わるため接続が途切れます。このため、設定した IP アドレスの172.16.1.2 に対して TELNETで再度接続します。その際、パソコンの IP アドレスも 172.16.1.200、サブネットマスクも 255.255.255.0 などに変更が必要です。
　コアスイッチ B、フロアスイッチ 1、フロアスイッチ 2 も同様に設定します。
　今後は、この IP アドレスを使って接続します。

5. システム稼働情報の確認

　システム稼働情報は、show environment コマンドで確認できます。

```
SWX3100# show environment
SWX3100-10G BootROM Ver.1.00
SWX3100-10G Rev.4.01.02 (Mon Dec  4 12:33:18 2017)
main=SWX3100-10G ver=00 serial=Z5701045YI MAC-Address=ac44.f239.3bb2
CPU:   1%(5sec)   2%(1min)   4%(5min)   Memory:  8% used
Startup firmware: exec0
Startup Configuration file: config0
Serial Baudrate: 9600
Boot time: 2022/04/25 22:43:12 +09:00
Current time: 2022/04/25 22:44:59 +09:00
Elapsed time from boot: 0days 00:01:52
```

　CPUやメモリの使用率、起動時間 (Boot time) などがわかります。

2章 中規模ネットワークの構築

99

6. ログの表示

ログは、show logging コマンドで表示できます。

```
SWX3100# show logging
2022/04/25 22:47:40:  [    NSM]:inf: Interface vlan1 changed state to up
2022/04/25 22:47:40:  [    NSM]:inf: Interface port1.7 changed state to
 up
2022/04/25 22:48:48: [    IMI]:inf: Login succeeded as (noname) for TEL
NET: 192.168.100.100
```

22時47分40秒に port1.7 がアップしたこと、22時48分48秒に 192.168.100.100 から TELNETでログインが成功（**Login succeeded**）したことなどがわかります。

補足：モード

これまで、非特権 EXEC モード、特権 EXEC モード、グローバルコンフィグレーションモードと出てきました。各モードは、次の図のコマンドで移行できて、プロンプトも変わります。

プロンプトを確認することで、どのモードで操作しているのかわかるようになっています。また、非特権 EXEC モードでも、特権 EXEC モードでも、**exit** コマンドによってログアウトできます。

■ モードの移行とコマンドプロンプト

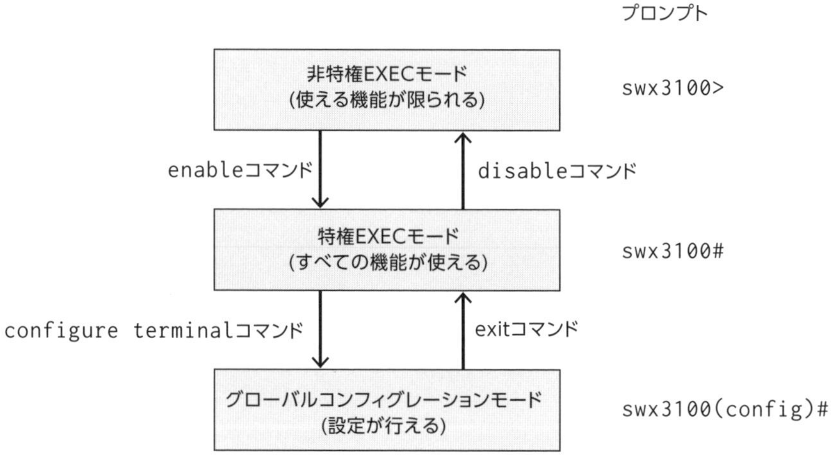

プロンプト

| 非特権EXECモード（使える機能が限られる） | swx3100> |

enableコマンド ／ disableコマンド

| 特権EXECモード（すべての機能が使える） | swx3100# |

configure terminalコマンド ／ exitコマンド

| グローバルコンフィグレーションモード（設定が行える） | swx3100(config)# |

2.2.3 クラスター

無線 LAN アクセスポイントの初期設定について説明する前に、クラスターについて説明します。

WLX413 と WLX212 は、同一 VLAN やサブネット内に接続すると、クラスターというグループを自動で構成します。クラスターの中で1台がリーダー AP となり、仮想コントローラーを立ち上げます。リーダー AP 以外は、フォロワー AP となります。

■ クラスター

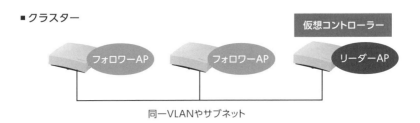

WLX413 と WLX212 が混在している場合、WLX413 が優先的にリーダー AP になります。

仮想コントローラーは、機器の IP アドレスとは別の IP アドレスを持ち、仮想コントローラーの IP アドレスに接続することで設定が行えます。仮想コントローラーでは、クラスターに所属するすべての機器の設定が行え、各機器に反映させることができます。

■ 仮想コントローラーのIPアドレスと設定の反映

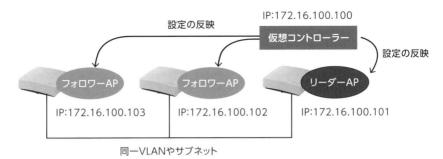

リーダー AP は、定期的に広告パケットを送信します。フォロワー AP は、この広告パケットが受信できなくなるとリーダー AP に障害があったと判断し、フォロワー AP の中から1台がリーダー AP になります。この時、仮想コントローラーの IP アドレスは引き継がれるため、それまでと同じ IP アドレスで接続が可能です。

■リーダーAP障害時の動作

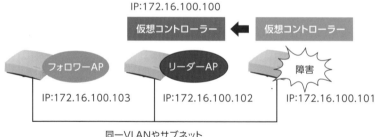

また、仮想コントローラーで設定した内容は、クラスター内の機器で共有されます。このため、リーダー AP に障害があった場合でも、設定が失われることはありません。

2.2.4　無線 LAN アクセスポイントの初期設定

次からは、ヤマハ無線 LAN アクセスポイントの初期設定を説明します。なお、今回構築するネットワークでは、IP アドレスなどを以下の内容で設定します。

■無線LANアクセスポイントのネットワーク情報

対象	VLAN	IP アドレス	ネットマスク
仮想コントローラー	100	172.16.100.100	24
WLX413	100	172.16.100.101	24
WLX212	100	172.16.100.102	24

※デフォルトゲートウェイは、172.16.100.1 とします。

VLAN100 は、LAN スイッチの IP アドレスでも使うリモート接続用のサブネットとします。

また、この時点では1台のフロアスイッチ(VLANなどを設定していないポート)に2台の無線 LAN アクセスポイントとパソコンを接続して設定すると、自動的にクラスターが構成されて、パソコンからも設定が行いやすくなります。

1. Web GUI へのログイン

　仮想コントローラーは、Web GUIを使って設定や操作ができます。

　Web GUIへは、Webブラウザーを起動して、アドレス欄で仮想コントローラーのIPアドレスを指定すればログインできます。初期状態では、IPアドレスはDHCP（Dynamic Host Configuration Protocol）で取得するようになっていますが、DHCPサーバーがない環境ではIPアドレスが192.168.100.241、サブネットマスクが255.255.255.0になっています。このため、パソコンのIPアドレスを192.168.100.100、サブネットマスクを255.255.255.0などに設定してから接続します。

　ログイン時に認証が必要です。ユーザー名の"admin"と、パスワードを入力してログインします。初期状態では、パスワードは設定されていないため、空欄のままでログインできます（2022年9月現在の仕様ですが、今後初期パスワードが設定される予定です）。

　その後、工場出荷状態では「管理形態の選択」が表示されますが、「オンプレミスで管理する」ボタンをクリックします。

　ログイン後は、以下の画面が表示されます。

■ 仮想コントローラーのトップ画面

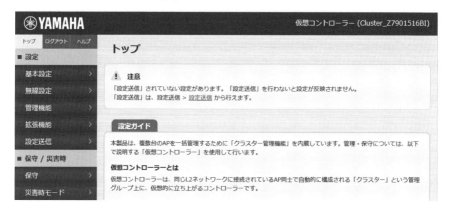

2. 仮想コントローラーのネットワークを設定する

　仮想コントローラーのネットワーク情報は、「基本設定」→「クラスター設定」の順にクリックして設定します。

■「クラスター設定」画面(VLAN1)

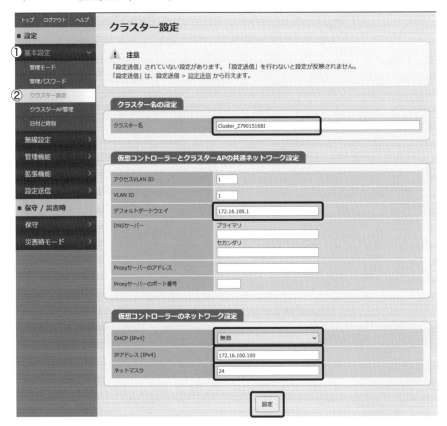

設定が必要な項目の説明は、以下のとおりです。

■「クラスター設定画面」での設定項目

区分	項目	説明
クラスター共通の設定	クラスター名	クラスターに名前を付けます。デフォルトのまま使っても大丈夫です。
	デフォルトゲートウェイ	今回は、172.16.100.1 になります。
仮想コントローラーの設定	DHCP(IPv4)	有効と無効が選択できます。今回は、無効にします。
	IP アドレス (IPv4)	今回は、172.16.100.100 になります。
	ネットマスク	今回は、24 になります。

区分が「クラスター共通の設定」の設定内容は、仮想コントローラーも各無線 LAN アクセスポイントも共通の項目です。クラスター名は同じですし、デフォルトゲートウェイも同じになります (同じ必要があります)。「仮想コントローラーの設定」の設定内容は、仮想コントローラーだけに反映される設定です。

また、この時点では VLAN ID は変更しません。LAN スイッチの設定が終わった後に変更します。

入力した後は、「設定」ボタンをクリックします。そうすると、仮想コントローラーの IP アドレスが変わるため、接続が途切れます。このため、設定した IP アドレスの 172.16.100.100 に対して Web ブラウザーで再度接続します。その際、パソコンの IP アドレスも 172.16.100.200、サブネットマスクも 255.255.255.0 などに変更が必要です。

3. 無線 LAN アクセスポイント自体のネットワークを設定する

無線 LAN アクセスポイント自体 (リーダー AP とフォロワー AP) のネットワーク情報は、「基本設定」→「クラスター AP 管理」の順にクリックして設定します。

■「クラスターAP管理」画面

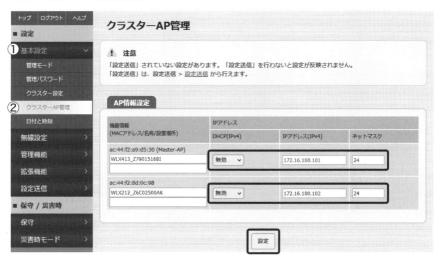

同一ネットワークに接続されている (クラスターに属する) 無線 LAN アクセスポイントが表示されるため、設計どおりに入力します。

　入力した後に「設定」ボタンをクリックすると、元の画面に戻ります。画面上の「注意」の下に表示されている「設定送信」をクリックすると、以下の画面が表示されます。

■「設定送信」画面

　上記で「送信」ボタンをクリックすると、各無線 LAN アクセスポイントに設定が反映されます。つまり、1台1台設定しなくても、仮想コントローラーで設定した内容をすべての無線 LAN アクセスポイントに反映させることができるということです。以後も、各無線 LAN アクセスポイントに設定を反映させる内容では、必ず設定送信が必要です。

4. パスワードの変更

　最初にログインした時にパスワードの変更が求められません。このため、別途パスワードを変更する必要があります (2022年9月現在の仕様)。

　パスワードは、「基本設定」→「管理パスワード」で変更できます。

■「管理パスワード」画面

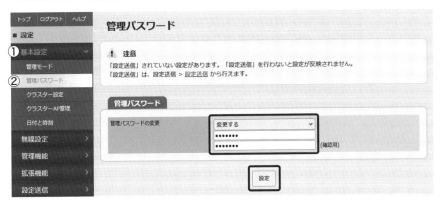

　一番上で、「変更する」を選択します、その後、新規パスワードを2回入力します。「設定」ボタンをクリックすると、パスワードが変更されます。

　設定後は、すぐにユーザー名とパスワードを入力する画面が表示されます。「ユーザー名」は "admin" と入力して、設定したパスワードを「パスワード」に入力後、「OK」ボタンをクリックするとログインできます。

2.2 初期設定　まとめ

- ● ヤマハルーターでは、administrator コマンドで管理ユーザーになれる。
- ● TELNETでログインする時のパスワードは login password、管理パスワードは administrator password で変更できる。
- ● ヤマハ LAN スイッチでは、enable コマンドで特権 EXEC モードへ移行する。configure terminal コマンドを使うと、グローバルコンフィグレーションモードに移行して設定が行える。
- ● ヤマハ無線 LAN アクセスポイントでは、クラスター単位で設定・管理を行う。クラスターの中で、設定は共有される。
- ● クラスターの中から1台がリーダー AP に選出され、仮想コントローラーを立ち上げる。

2.3 インターネット接続設定

インターネットに接続するためには、PPPoE などの設定が必要です。
本章では、インターネットに接続するための設定について説明します。

2.3.1 PPPoE の設定

PPPoE を使って、ルーター A がインターネットと接続するための設定を説明します。
実際には ISP で認証されるため、ISP からユーザー ID とパスワードが指定されます。
ユーザー ID とパスワードは、以下の前提とします。

■ISPから指定されたユーザーIDとパスワード

項目	指定された値
ユーザー ID	user01@example.com
パスワード	pass01

設定する上で理解しておく点は、PPPoE を利用するための pp インターフェース (以下では pp 1) を設定し、それを利用するポート (以下では lan2) に関連付けるという点です。

■PPPoE設定時のイメージ

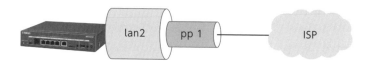

論理インターフェースの pp 1 で PPPoE 通信が可能になって、それを送受信する物理的な (実際にケーブルを接続する) ポートは lan2 というわけです。

実際の設定は、以下のとおりです。設定は、ISPから貸し出されるONUと、装置の
WAN（lan2のことです）と書かれたポートをケーブルで接続してから行ってください。

```
# pp select 1                                         ①
pp1# pp always-on on                                  ②
pp1# pppoe use lan2                                   ③
pp1# pppoe auto disconnect off                        ④
pp1# pp auth accept pap chap                          ⑤
pp1# pp auth myname user01@example.com pass01         ⑥
pp1# ppp lcp mru on 1454                              ⑦
pp1# ppp ipcp ipaddress on                            ⑧
pp1# ppp ipcp msext on                                ⑨
pp1# ppp ccp type none                                ⑩
pp1# pp enable 1                                      ⑪
pp1# pp select none                                   ⑫
# ip route default gateway pp 1                       ⑬
# dns host 172.16.0.0-172.16.255.255                  ⑭
# dns server pp 1                                     ⑮
```

　各コマンドの説明は、以下のとおりです。

① pp select 1

PPPoE接続で使用するppインターフェースを選択します。プロンプトが、#から
pp1#に変わります。数字は1から始まる整数で指定します。他でもppインター
フェースを使用する場合（他のISPと契約している場合）は、番号が重複しないよう
に指定する必要があります。

② pp always-on on

PPPoE常時接続を有効にします。

③ pppoe use lan2

PPPoE接続を行う際のポートとして、lan2（これが装置にWANと書かれたポート
に該当します）を指定しています。

④ pppoe auto disconnect off

自動切断を、無効にします。これで、通信していないときに切断されなくなります。
自動切断は、回線が従量課金（利用時間に応じて支払う金額が増える契約）などの場
合にonにします。FTTH（フレッツ光）などは一般的に月額固定金額なので、off
にします。

⑤ pp auth accept pap chap

PPPoE接続時の認証方法を、PAP（Password Authentication Protocol）と

CHAP (Challenge Handshake Authentication Protocol)に設定しています。PAP
はパスワードを平文で送信し、CHAPはハッシュしてから送信します。ISPで認証される
れるとき、利用可能な方を使います。

⑥ **pp auth myname user01@example.com pass01**

認証に使用する、ユーザー IDとパスワードを設定しています。ISPから指定された
ものを使います。

⑦ **ppp lcp mru on 1454**

MRU (Maximum Receive Unit) を 設 定 し て い ま す。MTU (Maximum
Transmission Unit) は、PPPoE 接続時に相手から送信される MRUの値から自動設
定されます。MRUは受信可能なパケット長の最大値で、MTUは送信可能なパケッ
ト長の最大値です。

⑧ **ppp ipcp ipaddress on**

PPPoE 接続時に、相手から送信される IP アドレスを自動設定するようにしています。
つまり、ISP からグローバルアドレスが自動で割り当てられます。

⑨ **ppp ipcp msext on**

これをオンにすると、PPPoE 接続時に相手から送信される DNS サーバーの IP アド
レスなどを受け取ります。

⑩ **ppp ccp type none**

PPPoE 接続で、圧縮を使用しないという指定です。

⑪ **pp enable 1**

ここまで設定してきた値を適用して、pp 1 インターフェースを有効にします。

⑫ **pp select none**

pp インターフェースの選択を終わります。

⑬ **ip route default gateway pp 1**

デフォルトゲートウェイとして、pp 1 インターフェース (つまり、ISP 側)を設定し
ています。このように、PPPoE 接続の場合は静的ルーティングのゲートウェイを、
インターフェースで指定できます。

⑭ **dns host 172.16.0.0-172.16.255.255**

LAN 側 (172.16.0.0 から172.16.255.255 の間の IP アドレス)からだけ DNSの問い
合わせを受け付ける設定です。インターネットから不特定多数の DNS 問い合わせを
受け付ける状態をオープンリゾルバーと呼び、他者を攻撃する踏み台にされること
があります。この設定は、オープンリゾルバーにならないようにするため、LAN 側
からだけ DNS 問い合わせを受け付けるようにしています。

⑮ **dns server pp 1**

DNS サーバーのIP アドレスを、PPPoE によって自動で割り当てられたものとします。
つまり、ISP 側から割り当てられた DNS サーバーを使います。

接続後は、show status pp 1コマンドで状態を確認できます。

```
# show status pp 1
PP[01]:
説明:
PPPoE セッションは接続されています
接続相手: BAS
通信時間: 1秒
受信: 10 パケット [600 オクテット]  負荷: 0.0%
送信: 9 パケット [386 オクテット]  負荷: 0.0%
累積時間: 1秒
PPP オプション
    LCP Local: Magic-Number MRU, Remote: CHAP Magic-Number MRU
     IPCP Local: IP-Address Primary-ÐNS(203.0.113.10) Secondary-
ÐNS(203.0.113.11), Remote: IP-Address
    PP IP Address Local: 203.0.113.2, Remote: 203.0.113.1
    CCP: None
```

もし、接続できていない場合は、設定を見直した後に connect pp 1を実行してください。再接続します。

なお、ルーターBではISPから指定されるユーザーIDとパスワードが異なるため、設定で⑥部分が変わります。また、⑭も支店のサブネットに合わせて設定する必要があります。それ以外は、ルーターAと設定は同じです。

2.3.2 動的 IP マスカレードの設定

　LAN 側に接続されたパソコンは、プライベートアドレスを使います。プライベートアドレスのままではインターネットと通信できないため、グローバルアドレスに変換が必要です。このため、LAN 内にあるパソコンがインターネットを利用できるように、動的 IP マスカレードを使います。動的 IP マスカレードは、一般的に LAN 内からインターネットに向けて通信を開始するときに使います。

■動的IPマスカレードの動き（送信時）

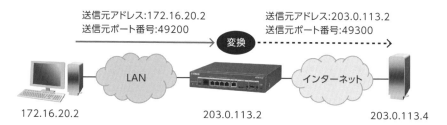

　上記では、送信元の IP アドレスが172.16.20.2 から PPPoE で自動取得した203.0.113.2 に変換されています。つまり、プライベートアドレスからグローバルアドレスに変換しています。また、ポート番号が49200 から49300 に変換されています。
　応答パケットは、次のように203.0.113.2 のポート番号 49300 宛てに返信されます。サーバーから見ると、送信元 203.0.113.2 のポート番号 49300 から通信があったように見えるためです。これは、ルーターで172.16.20.2 のポート番号 49200 宛てに変換されます。

■動的IPマスカレードの動き（応答時）

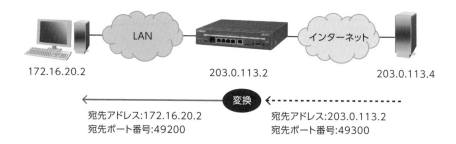

このように、IP アドレスだけでなくポート番号も変換するのが、IP マスカレードです。そして、設定ではなく自動で使えるポート番号が割り当てられます。

もし、同時に送信元 IP アドレスが 172.16.30.2 でポート番号が 49200（先ほどの通信とポート番号が重複している）の通信が他にあった場合、203.0.113.2 の 49400 番などに変換されます。つまり、使えるグローバルアドレスが 1 つだったとしても、ポート番号が重複しないように割り当てて変換することで、複数のパソコンがインターネットと通信可能になります。

■ 複数パソコンがある時の動的IPマスカレードの動き

動的 IP マスカレードの設定は、以下のとおりです。

```
# nat descriptor type 1000 masquerade    ①
# pp select 1                            ②
pp1# ip pp nat descriptor 1000           ③
```

①nat descriptor type 1000 masquerade

定義する番号（NAT ディスクリプターと言います）を 1000 にし、動作タイプに masquerade（マスカレード）を指定することで動的 IP マスカレードを有効にしています。

②pp select 1

pp1 インターフェースを選択しています。

③ip pp nat descriptor 1000

pp1 インターフェースに、NAT ディスクリプターの 1000 番を適用しています。

　ヤマハルーターでは、LAN 側から受信したパケットはすべて、インターネットへ送り出す時に送信元の IP アドレスが PPPoE で取得したグローバルアドレスに変換されるのがデフォルトです。

　このため、それを有効にする NAT ディスクリプターの番号を masquerade で指定して設定し、pp1 インターフェースに適用するだけで動作するようになります。

　この IP マスカレードの設定は、ルーター A と B で共通です。

　pp1 インターフェースに適用されている NAT ディスクリプターを確認したい場合や、IP アドレスがどのように変換されているのか確認したい場合は、次から説明するコマンドが使えます。

show nat descriptor interface bind pp

　pp インターフェースに適用されている NAT ディスクリプターのリストを表示します。

```
# show nat descriptor interface bind pp
NAT/IP マスカレード 動作タイプ : 2
NAT ディスクリプタ番号 OuterType Type
--------------------- --------- ----
                 1000 ipcp      IP Masquerade
PP[01](1)
Binding:1 PP:1 LAN:0 WAN:0 TUNNEL:0
--------------------- --------- ----
Defined NAT Descriptor:1
```

　NAT ディスクリプター番号 1000 が適用されていることがわかります。

show nat descriptor address all

　すべての NAT (Network Address Translation) テーブル (アドレスの変換状況を保存したもの) を簡易表示します。all を NAT ディスクリプターの番号にすると、指定した NAT ディスクリプターに該当するものだけ表示されます。

```
# show nat descriptor address all
NAT/IP マスカレード 動作タイプ : 2
参照 NAT ディスクリプタ : 1000, 適用インタフェース : PP[01](1)
Masquerade テーブル
外側アドレス : ipcp/203.0.113.2
ポート範囲 : 60000-64095, 49152-59999, 44096-49151 255 セッション
```

```
-*-  -*-  -*-  -*-  -*-  -*-  -*-  -*-  -*-  -*-  -*-
No.  内側アドレス セッション数 ホスト毎制限数 種別
1 192.168.100.200 162 65534 dynamic
2 192.168.100.201  93 65534 dynamic
---------------------
有効な NAT  ディスクリプタテーブルが 1 個ありました
```

192.168.100.200 と 192.168.100.201 が、動的（dynamic）に変換されていることがわかります。また、その変換後の IP アドレス が外側アドレスで、203.0.113.2 が使われていることもわかります。コマンドの最後に detail を付けると、ポート番号まで含めた NAT テーブルが表示されます。

なお、動的 IP マスカレード以外のアドレス変換のパターンについては、「3.3.1 NAT 機能」で説明しています。

2.3 インターネット接続設定　まとめ

- PPPoE の設定は、pp インターフェースに対して行う。
- パソコンからインターネットへ通信を可能にするためには、IP マスカレードの設定をし、送信元 IP アドレスをプライベートアドレスからグローバルアドレスに変換する必要がある。
- nat descriptor type で NAT ディスクリプターの番号を設定し、ip pp nat descriptor で pp インターフェースに適用する。
- show nat descriptor interface bind pp で pp インターフェースに適用されている NAT ディスクリプターのリストを表示し、show nat descriptor address で NAT テーブルを表示する。

2.4 VLAN の設定

LAN スイッチは、VLAN の設定が必須とも言えます。VLAN に IP アドレスを設定した場合、VLAN 間ルーティングも行えます。

2.4.1 VLAN の設計

VLAN は、以下のように分けます。

■ 作成するVLANの一覧

VLAN	作成する機器	用途
10	コアスイッチ A コアスイッチ B	ルーターと、コアスイッチ A/B 間のサブネット用
20	コアスイッチ A コアスイッチ B フロアスイッチ 1 フロアスイッチ 2	営業部門用 (営業部門のパソコンが接続する VLAN)
30	コアスイッチ A コアスイッチ B フロアスイッチ 1 フロアスイッチ 2	開発部門用 (開発部門のパソコンが接続する VLAN)
40	コアスイッチ A コアスイッチ B フロアスイッチ 1 フロアスイッチ 2	無線 LAN で社員が使う VLAN
50	コアスイッチ A コアスイッチ B フロアスイッチ 1 フロアスイッチ 2	無線 LAN でゲストが使う VLAN
100	コアスイッチ A コアスイッチ B フロアスイッチ 1 フロアスイッチ 2	リモート接続用 VLAN(LAN スイッチと無線 LAN アクセスポイントに接続するための VLAN)

VLAN10 は、OSPF でルーティングするサブネットを作るための VLAN です。図で示すと、以下のように作ることになります。

■ VLAN10の作り方

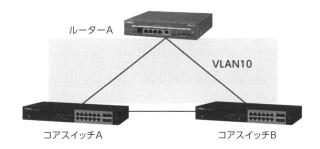

VLAN20 と 30 は、部門向けの VLAN です。図で示すと、以下のように作ることになります。

■ VLAN20と30の作り方

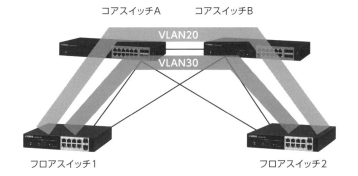

フロアスイッチ 1 からコアスイッチ A と B にケーブルが接続されていますが、どちらも VLAN20 と 30 が使えるようにします。フロアスイッチ 2 も同じです。また、コアスイッチ間の接続でも VLAN20 と 30 が使えるようにします。

このように VLAN を作れば、どこにいても所属の VLAN が使えるようになります。例えば、営業部門の人は、フロアスイッチ 1 の近くに在籍しているとは限りません。このため、図のように VLAN を使えるようにすれば、フロアスイッチ 1 の近くにいてもフロアスイッチ 2 の近くにいても、VLAN20 に接続ができるという訳です。

VLAN40 と 50 も作り方は同じです。どのフロアスイッチに無線 LAN アクセスポイ

ントを接続しても、VLAN40 と 50 が使えるようにします。

　VLAN100 は、コアスイッチ 2 台とフロアスイッチ 2 台、仮想コントローラー、無線 LAN アクセスポイントに接続するためのものです。これも、すべての LAN スイッチで使える必要があるため、同じように作ります。

　コアスイッチ間と、コアスイッチ ～ フロアスイッチ間は、20 から 100 の 5 つの VLAN を使うことになるため、タグ VLAN を利用します。

2.4.2　ポートベース VLAN の設定

　ポートベース VLAN は、ポートで 1 つしか VLAN を使わない時に設定します。フレームは、タグ無しで送受信されます。

　今回設計した VLAN では、VLAN10 が該当します。

　設定は、以下のとおりです。2 台のコアスイッチで行います。なお、ルーターと接続するポートは、port1.1 の前提とします。

```
SWX3220(config)# vlan database              ①
SWX3220(config-vlan)# vlan 10               ②
SWX3220(config-vlan)# exit
SWX3220(config)# interface port1.1          ③
SWX3220(config-if)# switchport mode access  ④
SWX3220(config-if)# switchport access vlan 10  ⑤
SWX3220(config-if)# exit
SWX3220(config)#
```

① vlan database
　VLAN モード (VLAN を作成できる) に移行しています。

② vlan 10
　VLAN10 を作成しています。

③ interface port1.1
　por1.1 に対する設定ができるよう指定しています。

④ switchport mode access
　指定したポートで、ポートベース VLAN を使う (アクセスポートになる) ことを設定しています。

⑤ switchport access vlan 10
　ポートベース VLAN で使う VLAN を 10 に設定しています。

フロアスイッチでは、パソコンを接続するポートにポートベースVLANで
VLAN20(営業部門用)かVLAN30(開発部門用)の設定をします。VLAN20を設定し
たポートに営業部門のパソコン、VLAN30を設定したポートに開発部門のパソコンを
接続してネットワークを利用します。

2.4.3　タグVLANの設定

　タグVLANは、ポートで複数のVLANを使う時に設定します。フレームは、タグ付
きで送受信されます。

　今回設計したVLANでは、VLAN20、30、40、50、100が該当します。

　コアスイッチでの設定は、以下のとおりです(2台とも同じです)。なお、コアスイッ
チ間の接続はどちらもport1.2を使い、フロアスイッチ1との接続はport1.3、フロ
アスイッチ2との接続はport1.4を使う前提とします。

```
SWX3220(config)# vlan database
SWX3220(config-vlan)# vlan 20,30,40,50,100
SWX3220(config-vlan)# exit
SWX3220(config)# interface port1.2-4                                    ①
SWX3220(config-if)# switchport mode trunk                               ②
SWX3220(config-if)# switchport trunk allowed vlan add 20,30,40,50,100
                                                                        ③
SWX3220(config-if)# switchport trunk native vlan 1                      ④
SWX3220(config-if)# exit
SWX3220(config)#
```

① interface port1.2-4

　port1.2からport1.4を指定しています。ハイフン(-)を付けると、連続した番号の
複数のポートに対して一度に設定が行えます。

② switchport mode trunk

　指定したポートで、タグVLANを使う(トランクポートになる)ことを設定していま
す。

③ switchport trunk allowed vlan add 20,30,40,50,100

　指定したポートで、VLAN20、30、40、50、100がタグ付きで通信できることを設
定しています。switchport trunk allowed vlan allと設定すると、すべての
VLANが使えます。

④ switchport trunk native vlan 1

ネイティブ VLAN (タグなしで送受信する VLAN) を、VLAN1 に設定しています。つまり、この設定により VLAN1 の場合はタグなしで送信され、タグなしのフレームを受信すると VLAN1 と判断します。VLAN1 は、デフォルトで存在するので vlan コマンドで作成する必要はありません。また、ネイティブ VLAN は、多くの装置で VLAN1 が使われているため、特に理由がなければ VLAN1 にします。

フロアスイッチでも、コアスイッチと接続するポートで同様の設定が必要です。

2.4.4 VLAN の確認

VLAN の確認は、show vlan brief コマンドで行えます。

```
SWX3220# show vlan brief
(u)-Untagged, (t)-Tagged

VLAN ID  Name                              State    Member ports
=======  ================================  =======  ========================
1        default                           ACTIVE   port1.2(u) port1.3(u)
                                                    port1.4(u) port1.5(u)
                                                    port1.6(u) port1.7(u)
                                                    port1.8(u) port1.9(u)
                                                    port1.10(u) port1.11(u)
                                                    port1.12(u) port1.13(u)
                                                    port1.14(u) port1.15(u)
                                                    port1.16(u)
10       VLAN0010                          ACTIVE   port1.1(u)
20       VLAN0020                          ACTIVE   port1.2(t) port1.3(t)
                                                    port1.4(t)
30       VLAN0030                          ACTIVE   port1.2(t) port1.3(t)
                                                    port1.4(t)
40       VLAN0040                          ACTIVE   port1.2(t) port1.3(t)
                                                    port1.4(t)
50       VLAN0050                          ACTIVE   port1.2(t) port1.3(t)
                                                    port1.4(t)
100      VLAN0100                          ACTIVE   port1.2(t) port1.3(t)
                                                    port1.4(t)
```

作成したVLANの一覧が表示され、そのVLANがどのポートで使えるのかがわかります。

（u）と付いているポートではそのVLANをタグなしで扱い、（t）と付いているポートではそのVLANをタグ付きで扱います。例えば、port1.2はVLAN1では（u）なのでタグなしで送受信しますが、VLAN20から100は（t）なのでタグ付きで送受信します。

2.4 VLANの設定　まとめ

- VLANは、VLANモードに移行してからvlanコマンドで作成する。
- switchport mode accessでアクセスポート、switchport mode trunkでトランクポートに設定される。
- switchport access vlanで、VLANを割り当てられる。
- switchport trunk allowed vlan addで、トランクポートで使えるVLANを指定する。
- VLANは、show vlan briefで確認できる。

2.5 スパニングツリープロトコルの設定

　コアスイッチとフロアスイッチ間で、スパニングツリープロトコルを動作させる設定について説明します。

2.5.1　スパニングツリープロトコルの設計

　コアスイッチ A と B はフロアスイッチと接続されていて、コアスイッチ間も接続されているため、例えば VLAN20 であれば以下のようにループします。

■ コアスイッチとフロアスイッチ間のループ

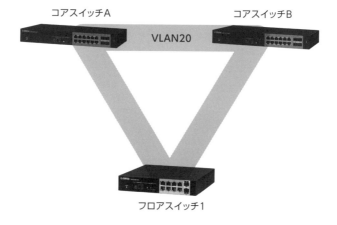

　このため、スパニングツリープロトコルを有効にしてループしないようにします。
設計としては、次のとおりです。

■スパニングツリープロトコルの設計

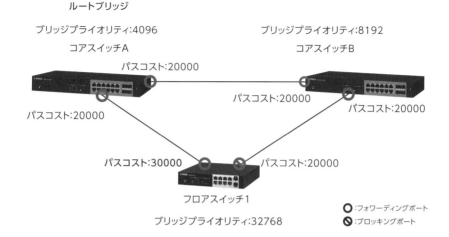

ルートブリッジ

ブリッジプライオリティ:4096

コアスイッチA

ブリッジプライオリティ:8192

コアスイッチB

パスコスト:20000

パスコスト:20000

パスコスト:20000

パスコスト:20000

パスコスト:30000

パスコスト:20000

フロアスイッチ1

ブリッジプライオリティ:32768

○:フォワーディングポート
⊘:ブロッキングポート

　コアスイッチ A のブリッジプライオリティを一番小さくし、ルートブリッジになるようにします。コアスイッチ A がダウンした時にコアスイッチ B がルートブリッジになるように、コアスイッチ B のブリッジプライオリティを次に小さくします。

　ヤマハでは、ブリッジプライオリティは、0 から 61440 の間で 4096 の倍数の値が設定できます。デフォルトは、32768 です。

　また、フロアスイッチのコアスイッチ B と接続するポートがブロッキングポートになるように、コアスイッチ A と接続するポートのパスコストを増やします。

　ヤマハでは、パスコストのデフォルトが以下になっています。

■パスコストのデフォルト

ポートの速度	パスコスト
1000Mbps	20000
100Mbps	200000
10Mbps	2000000

　今回、前提とするネットワークは 1000BASE-T で接続しているため、デフォルトのパスコストは 20000 ということになります。このため、20000 より大きいパスコストに設定すればルートパスコストがコアスイッチ B より大きくなって、ルートブリッジと接続していない方がブロッキングポートになります。

2.5.2 コアスイッチの設定

SWX3220-16MTは、デフォルトでスパニングツリープロトコルが有効です。この
ため、コアスイッチではブリッジプライオリティと、スパニングツリープロトコルを
利用しないポートで無効にする設定だけ行います（それ以外は、デフォルトで利用しま
す）。以下は、コアスイッチAの設定です。

```
SWX3220(config)# spanning-tree priority 4096
SWX3220(config)# interface port1.1
SWX3220(config-if)# spanning-tree disable
```

ブリッジプライオリティを4096に設定しています。また、ルーターと接続する
port1.1はスパニングツリープロトコルが不要なため、停止させています（VLAN10は、
port1.1だけしか使われずループしません。port1.1をOSPFで通信させるために、ブロッ
キングポートにならないように停止します）。
コアスイッチBでも設定内容は同じですが、ブリッジプライオリティは8192に設
定します。

2.5.3 フロアスイッチの設定

SWX3100-10Gも、デフォルトでスパニングツリープロトコルが有効です。このため、
フロアスイッチ（1と2両方）でデフォルトから変えるパスコストの設定だけ行います。
以下は、port1.1がコアスイッチAに接続されていた場合の設定です。

```
SWX3100(config)# interface port1.1
SWX3100(config-if)# spanning-tree path-cost 30000
```

これで、ルートパスコストが30000になります。コアスイッチBのルートパスコス
トは20000なので、フロアスイッチのコアスイッチBと接続されたポートがブロッキ
ングポートになります。
また、今回は設定例を示すためにパスコストを設定しましたが、実は設定しなくて
も設計どおりにポートがブロッキングポートになります。これは、フロアスイッチが、
コアスイッチBと比較してブリッジプライオリティが大きいためです。ルートパスコ
ストが同じ場合、ブリッジプライオリティが大きい方のLANスイッチが、ブロッキン
グポートになります。

2.5.4　スパニングツリープロトコルの確認

　スパニングツリープロトコルの動作を確認するために、ケーブルをすべて接続します。今まで説明したケーブルの接続は、以下のとおりです。

■ネットワーク接続図

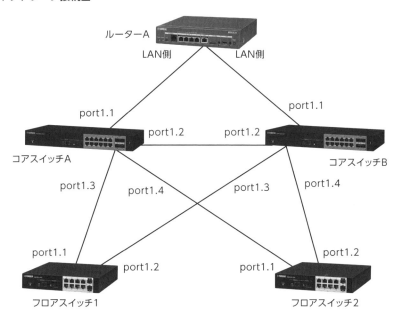

　接続元と接続先のポートを表で示すと、以下になります。

■ケーブルの接続方法

接続元	ポート	接続先	ポート
コアスイッチ A	port1.1	ルーター A	LAN 側のどこでも
	port1.2	コアスイッチ B	port1.2
	port1.3	フロアスイッチ 1	port1.1
	port1.4	フロアスイッチ 2	port1.1
コアスイッチ B	port1.1	ルーター A	LAN 側のどこでも
	port1.3	フロアスイッチ 1	port1.2
	port1.4	フロアスイッチ 2	port1.2

　ケーブルを接続した後も、設定などでログインするためには、今までどおり各機器のVLANを割り当てていないポートにパソコンを接続して行います。

　スパニングツリープロトコルの状態を表示するためには、show spanning-treeコマンドを使います。

　ただし、このコマンドは非常に多くの情報を表示するため、パイプ（|）を使って必要な情報だけ表示するように絞り込みます。パイプの右でincludeを使うと、指定した文字列で検索して一致した行だけを表示します。

　以下は、フロアスイッチでの確認結果です。まずは、ルートブリッジを確認します。

```
SWX3100# show spanning-tree | include Root Id
% Default: CIST Root Id 100011ff11ff11ff
% Default: CIST Reg Root Id 100011ff11ff11ff
```

　ブリッジIDの**1000**11ff11ff11ffが、ルートブリッジです。これは、16進数で示されているため、上位の**1000**は10進数に変換すると4096です。つまり、コアスイッチAに設定したブリッジプライオリティを示しています。また、MACアドレスは11ff:11ff:11ffの機器であることがわかります。

　次は、フォワーディングとブロッキングポートの確認です。

```
SWX3100# show spanning-tree | include Role
%    port1.1: Port Number 905 - Ifindex 5001 - Port Id 0x8389 - Role
Rootport - State Forwarding
%    port1.2: Port Number 906 - Ifindex 5002 - Port Id 0x838a - Role
Alternate - State Discarding
%    port1.3: Port Number 907 - Ifindex 5003 - Port Id 0x838b - Role
Disabled - State Discarding
%    port1.4: Port Number 908 - Ifindex 5004 - Port Id 0x838c - Role
Disabled - State Discarding
%    port1.5: Port Number 909 - Ifindex 5005 - Port Id 0x838d - Role
Disabled - State Discarding
%    port1.6: Port Number 910 - Ifindex 5006 - Port Id 0x838e - Role
Disabled - State Discarding
%    port1.7: Port Number 911 - Ifindex 5007 - Port Id 0x838f - Role
Designated - State Forwarding
%    port1.8: Port Number 912 - Ifindex 5008 - Port Id 0x8390 - Role
Disabled - State Discarding
%    port1.9: Port Number 913 - Ifindex 5009 - Port Id 0x8391 - Role
Disabled - State Discarding
%    port1.10: Port Number 914 - Ifindex 5010 - Port Id 0x8392 - Role
Disabled - State Discarding
```

Roleが Disableのポートは、ダウンなどしていて使えない (ケーブルが接続され
ていないなどの) 状態です。

　Roleがそれ以外の場合、Stateを見ます。StateがForwardingのポートはフォ
ワーディングポートで、フレームを転送しています。Discardingはブロッキングポー
トで、フレームを遮断しています。

　つまり、この例では port1.1(コアスイッチ A と接続) と 1.7(パソコンと接続)がフォ
ワーディングポートで、port1.2(コアスイッチ B と接続)がブロッキングポートです。
それ以外のポートはダウンしています。

2.5　スパニングツリープロトコルの設定　まとめ

- spanning-tree priorityでブリッジプライオリティを設定する。
- spanning-tree path-costでパスコストを設定する。
- show spanning-treeでスパニングツリープロトコルの状態を確認できる。

2.6 OSPF の設定

前提とするネットワークでは、OSPF を使っています。このため、OSPF の設定について説明します。

2.6.1 OSPF の設計

OSPF について考える前に、ルーティングするためには IP アドレスが必要です。以下は、IP アドレスを設定する VLAN、設定する機器、IP アドレスを示した表です。

■VLAN/設定機器/IPアドレスの一覧

VLAN	設定機器	IP アドレス[※2]
_ [※1]	ルーター A	172.16.10.1
10	コアスイッチ A	172.16.10.2
	コアスイッチ B	172.16.10.3
20	コアスイッチ A	172.16.20.2
	コアスイッチ B	172.16.20.3
30	コアスイッチ A	172.16.30.2
	コアスイッチ B	172.16.30.3
40	コアスイッチ A	172.16.40.2
	コアスイッチ B	172.16.40.3
50	コアスイッチ A	172.16.50.2
	コアスイッチ B	172.16.50.3
100	コアスイッチ A	172.16.100.2
	コアスイッチ B	172.16.100.3
	フロアスイッチ 1[※3]	172.16.100.4
	フロアスイッチ 2[※3]	172.16.100.5

※1：ルーターでは VLAN を使いません。
※2：サブネットマスクは、/24 とします。
※3：フロアスイッチは OSPF を使いません。フロアスイッチ自体への接続のために IP アドレスを設定します。

VLAN IDの番号(例えば10)と、IPアドレスの3オクテット目(172.16.10.2であれ
ば10の部分)を一致させると、覚えやすくなります。
　OSPFのエリアは、3台ともバックボーンエリアに属する(つまりシングルエリア構成)
とし、ルーター IDと指定ルーターを決めるプライオリティは以下とします。

■ルーターIDとプライオリティの一覧

設定機器	ルーター ID	プライオリティ
ルーター	1.1.1.1	255
コアスイッチ A	2.2.2.2	2
コアスイッチ B	3.3.3.3	1

※プライオリティは、すべてのVLAN(サブネット)で同じ値にします。

　プライオリティのデフォルトは、ルーターも LAN スイッチも1です。0から255ま
での値を設定できますが、0にすると指定ルーターに選出されません。
　また、コストのデフォルトは、ポートの速度が100Mbpsでも1000Mbpsでも1です。
コアスイッチ A 側を優先するため、コアスイッチ Bの VLANではすべてコストを2に
します。コストの最大値は、65535です。

　これで、例えば VLAN20 に接続されたパソコンからの通信であれば、次ページの図
のようにコアスイッチ A を経由してルーティングが行われます。

■ルーティングの経路

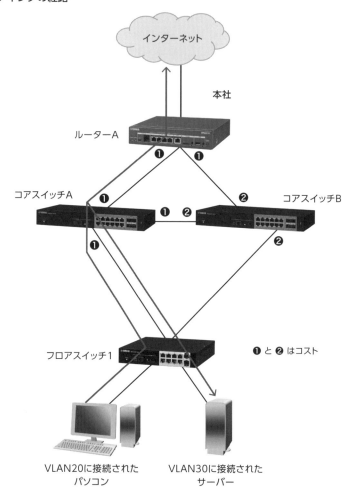

もし、コアスイッチ A に障害があった場合、コアスイッチ B を経由したルーティングに切り替わります。

少し複雑ですが、VLAN と機器の接続、ルーティングポイントを理解しやすくする時は、論理構成図 (物理的な接続とは関係なしに、機器と VLAN の接続を表す) を使います。

■ 論理構成図

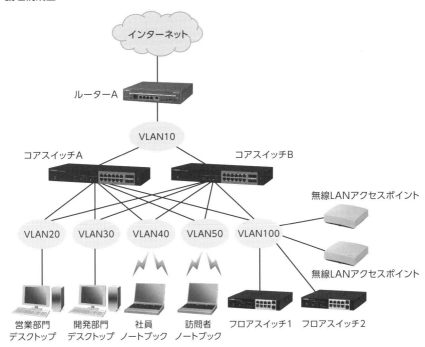

ルーター A とコアスイッチ 2 台は、VLAN10 で接続されています。その他 VLAN と
の間は、コアスイッチ 2 台でルーティングされます (コアスイッチ A が主な経路です)。

VLAN20 から 50 はフロアスイッチでも作成していますが、この図ではフロアスイッ
チと接続されていない点はポイントです。フロアスイッチは、VLAN20 から 50 の IP
アドレスを設定しないため、論理構成としては接続されないことになります。フロア
スイッチは、営業部門のパソコンからの通信であれば、VLAN20 のタグ付きでコアス
イッチに転送しているだけで、ルーティングには関係していません。つまり、フレー
ムを転送するために使っているだけです。

VLAN100 はリモート接続用として使うため、フロアスイッチや無線 LAN アクセス
ポイント (仮想コントローラー含む) に IP アドレスを設定します。このため、フロア
スイッチや無線 LAN アクセスポイントは VLAN100 だけに接続されていて、他 VLAN
とはコアスイッチがルーティングすることで通信可能になります。つまり、自身が他
の VLAN との間でルーティングを行わないため、論理構成としてはパソコンなどの端
末と同じように、1 つの VLAN に接続された形で描けます。

2
章

中規模ネットワークの構築

　この論理構成図によって、VLAN20から100の間はコアスイッチによるルーティングで通信が可能になることがわかります。また、インターネットへは、コアスイッチでルーティングした後にVLAN10を経由、その後ルーターAでルーティングして通信が行えることもわかると思います。

2.6.2　ルーターのOSPF設定

　ルーターAで、設計に従ったOSPFの設定は以下のとおりです。

```
# ip lan1 address 172.16.10.1/24            ①
# ospf use on                               ②
# ospf router id 1.1.1.1                    ③
# ospf area backbone                        ④
# ip lan1 ospf area backbone priority=255   ⑤
# ospf import from static                   ⑥
# ospf configure refresh                    ⑦
```

①ip lan1 address 172.16.10.1/24
　コアスイッチと接続するlan1のIPアドレスを、172.16.10.1/24に設定しています。この時、一旦接続が切れるため、パソコンのIPアドレスを172.16.10.100、サブネットマスクを255.255.255.0などに設定して再接続が必要です。

②ospf use on
　OSPFを有効にしています。

③ospf router id 1.1.1.1
　ルーターIDを1.1.1.1に設定しています。

④ospf area backbone
　バックボーンエリアに属することを定義しています。

⑤ip lan1 ospf area backbone priority=255
　lan1がバックボーンエリアに属することを定義しています。また、プライオリティを255に設定して、指定ルーターに選出されるようにしています。

⑥ospf import from static
　静的ルーティングの経路(今回の例ではインターネットへのデフォルトルート)を、OSPFに再配布する設定です。これで、コアスイッチAとBのルーティングテーブルで、デフォルトルートがルーターAになります。

⑦ `ospf configure refresh`

これまでの設定を反映します。OSPF の設定変更を行った場合、このコマンドを再度実行する必要があります。

2.6.3 コアスイッチの OSPF 設定

コアスイッチ A での OSPF 設定は、以下のとおりです。

```
SWX3220(config)# router ospf                                  ①
SWX3220(config-router)# ospf router-id 2.2.2.2               ②
SWX3220(config-router)# network 172.16.0.0/16 area 0         ③
SWX3220(config-router)# exit
SWX3220(config)# interface vlan10                            ④
SWX3220(config-if)# ip address 172.16.10.2/24               ⑤
SWX3220(config-if)# ip ospf priority 2                      ⑥
・・・
```
以後、各 VLAN で IP アドレスとプライオリティを設定する

① `router ospf`

OSPF 関連の設定を行うため、OSPFv2 モードに移行します。

② `ospf router-id 2.2.2.2`

ルーター ID を 2.2.2.2 に設定しています。

③ `network 172.16.0.0/16 area 0`

VLAN インターフェースに設定した IP アドレスが 172.16.0.0/16 に含まれている場合、エリア 0 (バックボーンエリア) に属することを設定しています。つまり、すべてのサブネット (VLAN) がバックボーンエリアに属するように設定しています。

④ `interface vlan10`

VLAN10 のインターフェースを指定し、インターフェースコンフィグレーションモードに移行します。

⑤ `ip address 172.16.10.2/24`

VLAN10 の IP アドレスを、172.16.10.2/24 に設定しています。

⑥ `ip ospf priority 2`

VLAN10 のプライオリティを 2 に設定し、バックアップ指定ルーターに選出されるようにしています。

　コアスイッチ B での設定もルーター ID や IP アドレスを変える以外ほとんど同じですが、⑥のプライオリティは設定しません (デフォルトが 1 のため)。その代わり、各 VLAN インターフェースで以下のようにコストを 2 に設定します。

```
SWX3220(config)# interface vlan10
SWX3220(config-if)# ip address 172.16.10.3/24
SWX3220(config-if)# ip ospf cost 2
・・・
以後、各 VLAN で IP アドレスとコストを設定する
```

　フロアスイッチ 2 台は、OSPF の設定をせずに VLAN100 の IP アドレスだけを設定します。

2.6.4　OSPF の確認

　設定した OSPF が設計どおりに動作しているか確認する時は、ルーティングテーブルを見ます。ルーティングテーブルは、ルーターもコアスイッチも show ip route コマンドで表示できます。
　以下は、ルーターの表示結果です。

```
# show ip route
宛先ネットワーク          ゲートウェイ          インタフェース      種別        付加情報
default                 -                   PP[01]           static
172.16.10.0/24          172.16.10.1         LAN1             implicit
172.16.20.0/24          172.16.10.2         LAN1             OSPF        cost=2
172.16.30.0/24          172.16.10.2         LAN1             OSPF        cost=2
172.16.40.0/24          172.16.10.2         LAN1             OSPF        cost=2
172.16.50.0/24          172.16.10.2         LAN1             OSPF        cost=2
172.16.100.0/24         172.16.10.2         LAN1             OSPF        cost=2
```

　172.16.20.0/24、172.16.30.0/24 などの経路が、OSPF で取得してゲートウェイが 172.16.10.2 (コアスイッチ A 側) になっています。また、デフォルトルートは、pp1 (PP[01]) になっています。

次は、コアスイッチ A の表示結果です。

```
SWX3220# show ip route
Codes: C - connected, S - static, R - RIP
       O - OSPF, IA - OSPF inter area
       N1 - OSPF NSSA external type 1, N2 - OSPF NSSA external type 2
       E1 - OSPF external type 1, E2 - OSPF external type 2
       * - candidate default

Gateway of last resort is 172.16.10.1 to network 0.0.0.0

O*E2    0.0.0.0/0 [110/1] via 172.16.10.1, vlan10, 00:00:15
C       172.16.10.0/24 is directly connected, vlan10
C       172.16.20.0/24 is directly connected, vlan20
C       172.16.30.0/24 is directly connected, vlan30
C       172.16.40.0/24 is directly connected, vlan40
C       172.16.50.0/24 is directly connected, vlan50
C       172.16.100.0/24 is directly connected, vlan100
C       192.168.100.0/24 is directly connected, vlan1
```

デフォルトルート (0.0.0.0/0)は、ルーターの静的ルーティングの再配布ですが、OSPFの経路 (一番左に O*E2 で表示)として反映されています。それ以外は、コアスイッチ自身に設定したサブネット (一番左に C で表示)です。

ネイバー関係にあるルーターを表示するためには、以下のコマンドを実行します。

・ルーター：　 show status ospf neighbor
・コアスイッチ：show ip ospf neighbor

以下は、ルーターでの表示例です。

```
# show status ospf neighbor
Neighbor ID   Pri   State          Dead Time   Address       Interface
2.2.2.2         2   FULL/BDR       00:00:32    172.16.10.2   LAN1
3.3.3.3         1   FULL/DROTHER   00:00:34    172.16.10.3   LAN1
```

　ルーター ID:2.2.2.2(コアスイッチ A)とは隣接関係 (FULL)で、コアスイッチ Aがバックアップ指定ルーター (BDR)であることがわかります。指定ルーターの場合は、DRと表示されます。

　また、ルーター ID:3.3.3.3(コアスイッチ B)とも隣接関係で、コアスイッチ Bが指定ルーターでもバックアップ指定ルーターでもない (DROTHER)ことがわかります。

2.6 OSPF の設定　まとめ

- OSPF の設定では、ポートや VLANがどのエリアに属するのかを設定する必要がある。
- ルーターでは、OSPF の設定変更をした後に、`ospf configure refresh`を実行する必要がある。

前提とするネットワークは、コアスイッチが2台あるためVRRPの設定が必要です。

2.7.1 VRRP の設計

　各VLANは、2台のコアスイッチでIPアドレスが設定されています。パソコンのデフォルトゲートウェイをコアスイッチAのIPアドレスに設定すると、コアスイッチAで障害があると通信できなくなってしまいます。このため、パソコンなどのデフォルトゲートウェイとならないVLAN10以外は、VRRPを設定して仮想IPアドレスをパソコンのデフォルトゲートウェイとして使えるようにします。

　以下は、VLANとVRID、仮想IPアドレスの一覧です。

■VLANとVRID、仮想IPアドレスの一覧

VLAN	VRID	仮想 IP アドレス
20	20	172.16.20.1
30	30	172.16.30.1
40	40	172.16.40.1
50	50	172.16.50.1
100	100	172.16.100.1

　これ以外に、コアスイッチA側の優先度を高くします。これにより、例えばVLAN20であれば次のようにコアスイッチAがマスタールーターとして動作するようになります。

■ VLAN20でのVRRP

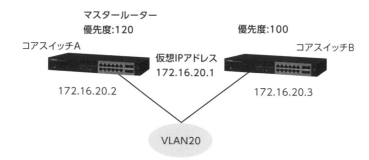

マスタールーター
優先度:120　　　　　　　　　　　　優先度:100

コアスイッチA　　　　　　　仮想IPアドレス　　　　　　コアスイッチB
　　　　　　　　　　　　　172.16.20.1

172.16.20.2　　　　　　　　　　　　172.16.20.3

VLAN20

　なお、今回はスパニングツリープロトコルと併用しているため、プリエンプトモードを無効にはしません。もし、プリエンプトモードを無効にした場合、コアスイッチAに障害が発生した後、復旧してもコアスイッチBがマスタールーターのままになります。しかし、スパニングツリープロトコルではコアスイッチAがルートブリッジに戻る(ブロッキングの場所も元に戻る)ため、例えばVLAN20からの通信経路は以下のようになります。

■ プリエンプトモードを無効にした場合のVLAN20の経路

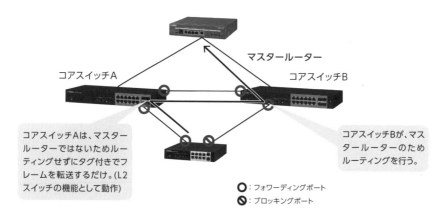

マスタールーター
コアスイッチA　　　　　　　　　　　　　コアスイッチB

コアスイッチAは、マスタールーターではないためルーティングせずにタグ付きでフレームを転送するだけ。(L2スイッチの機能として動作)

コアスイッチBが、マスタールーターのためルーティングを行う。

◯ : フォワーディングポート
◯ : ブロッキングポート

　通信は可能ですが、コアスイッチ2台を経由していて、あまりよい経路とは言えません。プリエンプトモードが有効の場合は、コアスイッチAがマスタールーターに戻るため、コアスイッチAだけを経由して通信が可能になります。
　このように、VRRPとスパニングツリープロトコルを併用する場合は、両方の経路をなるべく一致させる考慮が必要です。

2.7.2 VRRP の設定

コアスイッチ A での VRRP の設定は、以下のとおりです。

```
SWX3220(config)# router vrrp 20 vlan20            ①
SWX3220(config-router)# virtual-ip 172.16.20.1    ②
SWX3220(config-router)# priority 120              ③
SWX3220(config-router)# virtual-router enable     ④
・・・
```
以後、各 VLAN で同様の設定をする

① router vrrp 20 vlan20
VRID20 と VLAN20 を指定して、VRRP モードに移行します。VRID は、1 から 255 が使えます。

② virtual-ip 172.16.20.1
仮想 IP アドレスを 172.16.20.1 に設定しています。

③ priority 120
マスタールーターになるための優先度を 120 に設定しています。デフォルトは 100 で、1 から 255 の値が使えます。

④ virtual-router enable
仮想ルーターを有効にします。

コアスイッチ B でも設定はほとんど同じですが、優先度は設定せずにデフォルトの 100 のままとします。これで、コアスイッチ A の方が優先度が高いため、マスタールーターになります。

なお、プリエンプトモードを無効にする場合は、以下コマンドで行えます。

```
SWX3220(config)# router vrrp 20 vlan20
SWX3220(config-router)# preempt-mode disable
```

※各 VLAN ごとの設定です

また、フロアスイッチは 131 ページの論理構成図で説明したように、コアスイッチがルーティングすることで他 VLAN と通信可能になります。このため、次のように

VLAN100の仮想IPアドレスをデフォルトルートに設定し、マスタールーターのコアスイッチにルーティングをまかせるようにします。

```
SWX3110(config)# ip route 0.0.0.0/0 172.16.100.1
```

2.7.3 VRRPの確認

VRRPの確認は、show vrrpコマンドで行えます。

```
SWX3220# show vrrp
VRRP Version: 3
VMAC enabled
Address family IPv4
VRRP Id: 20 on interface: vlan20
 State: AdminUp   - Master
 Virtual IP address: 172.16.20.1 (Not-owner)
 Operational primary IP address: 172.16.20.2
 Operational master IP address: 172.16.20.2
 Priority is 120
 Advertisement interval: 100 centi sec
 Master Advertisement interval: 100 centi sec
 Skew time: 53 centi sec
 Accept mode: FALSE
 Preempt mode: TRUE
 Multicast membership on IPv4 interface vlan20: JOINED
 V2-Compatible: FALSE
```

※以下、他VLANも同様に表示

状態(State)がマスタールーター(Master)になっていて、仮想IPアドレスの172.16.20.1(Virtual IP address)でルーティングしていることがわかります。

2.7	VRRPの設定　まとめ

- VRRPでは、VRIDとVLAN、優先度と仮想IPアドレスを設定する。
- show vrrpでVRRPの状態確認ができる。

2.8 拠点間接続VPNの設定

本社と支店を接続するために、拠点間接続VPNの設定を行います。

2.8.1 拠点間接続VPNの設計

拠点間接続VPNでは、IPsecを使います。IPsecは、認証と暗号化を使ってセキュリティを確保します。

IPsecで使える認証と暗号のアルゴリズムには、以下があります。

■IPsecで使える認証と暗号のアルゴリズム

区分	方式	アルゴリズム
認証	ハッシュ	MD5、SHA-1、SHA-256
暗号	共通鍵暗号方式	DES、3DES、AES(128bit、256 bit)

また、双方のルーターで事前共有鍵(パスワードのようなもの)が一致していないと、認証が失敗します。

今回は、以下を利用する前提とします。

■IPsecの認証と暗号化で使う設定の情報

項目	設定値
事前共有鍵	pass01
認証アルゴリズム	sha-hmac (SHA-1)
暗号アルゴリズム	aes-cbc (AES 128bit)

2.8.2　メインモードとアグレッシブモード

IPsecには、メインモードとアグレッシブモードがあります。

メインモードは、本社も支店もISPから固定でIPアドレス(変わらないグローバルアドレス)を割り当てられているときに使えます。アグレッシブモードは、どちらか一方が固定で、他方が自動でIPアドレス(動的に変わるグローバルアドレス)が設定される場合に使います。

このため、少なくとも片側はISPから固定のIPアドレスを割り当ててもらう必要があります。固定か自動のIPアドレスかはISPとの契約によります。固定のIPアドレスにすると、通常は費用が若干高くなります。

■拠点間をIPsecで接続するときは、固定のIPアドレスが必要

IPsecで接続する時は、上記のとおり宛先をIPアドレスで指定します。このIPアドレスが変わると、IPsecで接続できなくなります。

メインモードであれば両方が固定IPアドレスなので、どちらからでも接続を開始できます。アグレッシブモードの場合は、動的に変わるIPアドレス側からしかIPsecの接続を開始できません。ただし、どちらから接続した場合でもIPsecで接続を確立した後は、拠点間の通信は双方向で行えます。

今回は、メインモードとアグレッシブモード両方の設定を説明します。

2.8.3 ネットボランチ DNS の設定

IPsecで接続するためには、少なくとも1拠点は固定 IP アドレスが必要と説明しました。しかし、両方の拠点が動的 IP アドレスを使っている場合でも、ネットボランチ DNSを利用すれば IPsecで接続することができます。

ネットボランチ DNS は、ヤマハが運用している DDNS (Dynamic Domain Name System) サービスです。DDNSは、FQDNを設定しておけば、IP アドレスが変わっても IPsecで接続できるしくみです。

■ **ネットボランチDNSのしくみ**

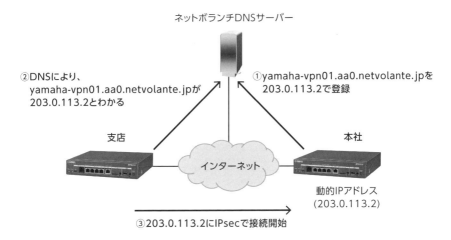

DNSは、DNS サーバーの管理者がFQDNに対応するIP アドレスを手動で設定します。

DDNSは、DNS サーバーに手動で設定しなくても、図の①のように FQDNに対するIP アドレスが装置側からの申告で自動登録できます。また、IP アドレスが変わった場合も、DDNS サーバーに再度自動で登録できます。

登録された FQDNは、図の②のように DNSで FQDNから IP アドレスに変換できて、図の③のように IPsecで接続が可能になります。

このため、IPsecの設定をする時は、IP アドレスの代わりに接続先の FQDNを設定していれば、IPsecで接続が可能になるという訳です。

ネットボランチ DNS の設定は、以下のとおりです。

```
# pp select 1
pp1# netvolante-dns hostname host pp yamaha-vpn01   ①
pp1# netvolante-dns go pp 1                          ②
(Netvolante DNS server 1)
[yamaha-vpn01.aa0.netvolante.jp] を登録しました
新しい設定を保存しますか？（Y/N)Y
セーブ中... CONFIG0 終了
pp1# netvolante-dns use pp auto                      ③
```

　上記で、ネットボランチ DNS には yamaha-vpn01.aa0.netvolante.jp という FQDN で、IP アドレスは ISP から自動で割り当てられたもので登録されます。aa0.netvolante.jp 部分は、自動で設定されます。

　登録された FQDN は設定で使うため、メモしておきます。もし忘れた場合は、show status netvolante-dns pp 1 コマンドで確認できます。

　各コマンドの説明は、以下のとおりです。

① netvolante-dns hostname host pp yamaha-vpn01
　ネットボランチ DNS で使うルーターのホスト名を yamaha-vpn01 に設定しています。

② netvolante-dns go pp 1
　ネットボランチ DNS に登録を実行しています。

③ netvolante-dns use pp auto
　ルーターの再起動などにより IP アドレスが変わった時、自動で再登録するように設定しています。

　以後は、本社側が yamaha-vpn01.aa0.netvolante.jp、
　支店側が yamaha-vpn02.aa0.netvolante.jp で登録された前提で説明をします。

2.8.4　メインモードの設定

　次は、ルーター A でのメインモードの設定です。なお、支店側のサブネットが 192.168.100.0/24 で、ルーター B の LAN 側 IP アドレスが 192.168.100.1 の前提です。

```
# tunnel select 1          ①
tunnel1# ipsec tunnel 101  ②
```

```
tunnel1# ipsec sa policy 101 1 esp aes-cbc sha-hmac                    ③
tunnel1# ipsec ike keepalive log 1 off                                ④
tunnel1# ipsec ike keepalive use 1 on heartbeat 10 6                  ⑤
tunnel1# ipsec ike local address 1 172.16.10.1                        ⑥
tunnel1# ipsec ike pre-shared-key 1 text pass01                       ⑦
tunnel1# ipsec ike remote address 1 yamaha-vpn02.aa0.netvolante.jp    ⑧
tunnel1# ip tunnel tcp mss limit auto                                 ⑨
tunnel1# tunnel enable 1                                              ⑩
tunnel1# tunnel select none                                          ⑪
# ipsec auto refresh on                                              ⑫
# ip route 192.168.100.0/24 gateway tunnel 1                         ⑬
```

① tunnel select 1

IPsecで使用するインターフェース（tunnelインターフェース）の番号を選択します。これで、コマンドプロンプトが変わります。

② ipsec tunnel 101

選択したtunnelインターフェースで使用する、IPsec設定の番号を決めます。

③ ipsec sa policy 101 1 esp aes-cbc sha-hmac

tunnelインターフェースの番号とIPsecの番号に対してIPsecプロトコル、暗号アルゴリズム、認証アルゴリズムの種類を指定します。IPsecプロトコルにはesp（暗号化＋認証）とah（認証のみ）を指定できますが、インターネットVPNでは暗号化が必須なので、espを指定します。暗号アルゴリズムと認証アルゴリズムは、設計どおりの設定です。

④ ipsec ike keepalive log 1 off

IPsec接続を維持できているかどうかの監視を、ログに記録しないようにする設定です。

⑤ ipsec ike keepalive use 1 on heartbeat 10 6

IPsec接続を監視する設定です。1がtunnelインターフェースの番号、10は監視間隔（秒）、6が試行回数です。ここでは、10秒間隔で監視し、6回失敗すると接続が維持できないと判断します。

※この監視（heartbeat）は、ヤマハルーター独自の監視プロトコルです。

⑥ ipsec ike local address 1 172.16.10.1

ルーターのLAN側IPアドレスを設定しています。

⑦ ipsec ike pre-shared-key 1 text pass01

事前共有鍵として、pass01を設定しています。

⑧ ipsec ike remote address 1 yamaha-vpn02.aa0.netvolante.jp

接続先（ルーターB）のFQDNを設定しています。ネットボランチDNSを利用していない場合は、接続先のIPアドレス（グローバルアドレス）を指定します。

⑨ **ip tunnel tcp mss limit auto**

tunnelインターフェースを通過するTCPに対して、MSS（Maximum Segment Size）を制限するものです。不必要にフラグメント化されない目的で設定します。autoを指定しているため、適切な値を自動設定します。

⑩ **tunnel enable 1**

ここまで設定してきた値を適用して、tunnel 1インターフェースを有効にします。

⑪ **tunnel select none**

tunnelインターフェースの選択を終わります。

⑫ **ipsec auto refresh on**

IPsecの暗号化で使う共通鍵を定期的に変更します。

⑬ **ip route 192.168.100.0/24 gateway tunnel 1**

静的ルーティングで、支店のサブネットへ通信するためのゲートウェイは tunnel 1インターフェースと設定しています。

なお、インターネット接続時に設定した動的IPマスカレードに加えて、以下のNATディスクリプターも設定する必要があります。

```
# nat descriptor masquerade static 1000 1 172.16.10.1 udp 500
# nat descriptor masquerade static 1000 2 172.16.10.1 esp
```

これは、IPsecで使うUDPのポート番号50番とESP(Encapsulating Security Protocol)をアドレス変換する設定です。この設定内容については、「3.3.2 IP マスカレード機能」の193ページで説明しています。

ルーターBも、IPアドレスやFQDNの値は変える必要がありますが、設定内容は同じです。以下に、設定を記載しておきます。

```
# tunnel select 1
tunnel1# ipsec tunnel 101
tunnel1# ipsec sa policy 101 1 esp aes-cbc sha-hmac
tunnel1# ipsec ike keepalive log 1 off
tunnel1# ipsec ike keepalive use 1 on heartbeat 10 6
tunnel1# ipsec ike local address 1 192.168.100.1
tunnel1# ipsec ike pre-shared-key 1 text pass01
tunnel1# ipsec ike remote address 1 yamaha-vpn01.aa0.netvolante.jp
tunnel1# ip tunnel tcp mss limit auto
tunnel1# tunnel enable 1
```

```
tunnel1# tunnel select none
# ipsec auto refresh on
# ip route 172.16.0.0/16 gateway tunnel 1
# nat descriptor masquerade static 1000 1 192.168.100.1 udp 500
# nat descriptor masquerade static 1000 2 192.168.100.1 esp
```

2.8.5　アグレッシブモードの設定

　次は、アグレッシブモードの設定です。ルーターBが動的に変わるIPアドレスとします。以下は、ルーターAの設定です。

```
# tunnel select 1
tunnel1# ipsec tunnel 101
tunnel1# ipsec sa policy 101 1 esp aes-cbc sha-hmac
tunnel1# ipsec ike keepalive log 1 off
tunnel1# ipsec ike keepalive use 1 on heartbeat 10 6
tunnel1# ipsec ike local address 1 172.16.10.1
tunnel1# ipsec ike pre-shared-key 1 text pass01
tunnel1# ipsec ike remote address 1 any           ①
tunnel1# ipsec ike remote name 1 siten key-id      ②
tunnel1# ip tunnel tcp mss limit auto
tunnel1# tunnel enable 1
tunnel1# tunnel select none
# ipsec auto refresh on
# ip route 192.168.100.0/24 gateway tunnel 1
# nat descriptor masquerade static 1000 1 172.16.10.1 udp 500
# nat descriptor masquerade static 1000 2 172.16.10.1 esp
```

　以下に、メインモードと異なるコマンドだけ説明します。

① ipsec ike remote address 1 any
　接続先のIPアドレスは動的なため、anyですべてのIPアドレスからの接続を受け付けます。

② ipsec ike remote name 1 siten key-id
　接続先のIPアドレスをすべて (any)にした代わりに、ここでsitenという名前を指定しています。

支店側ルーターの設定は、次のとおりです。

```
# tunnel select 1
tunnel1# ipsec tunnel 101
tunnel1# ipsec sa policy 101 1 esp aes-cbc sha-hmac
tunnel1# ipsec ike keepalive log 1 off
tunnel1# ipsec ike keepalive use 1 on heartbeat 10 6
tunnel1# ipsec ike local address 1 192.168.100.1
tunnel1# ipsec ike pre-shared-key 1 text pass01
tunnel1# ipsec ike remote address 1 yamaha-vpn01.aa0.netvolante.jp  ①
tunnel1# ipsec ike local name 1 siten key-id                        ②
tunnel1# ip tunnel tcp mss limit auto
tunnel1# tunnel enable 1
tunnel1# tunnel select none
# ipsec auto refresh on
# ip route 172.16.0.0/16 gateway tunnel 1
# nat descriptor masquerade static 1000 1 192.168.100.1 udp 500
# nat descriptor masquerade static 1000 2 192.168.100.1 esp
```

以下に、①と②について説明します。

① `ipsec ike remote address 1 yamaha-vpn01.aa0.netvolante.jp`
　IPsecを接続する側なので、接続先をFQDNで設定しています。ネットボランチ DNSを利用していない場合は、接続先のIPアドレス (グローバルアドレス) を指定 します。

② `ipsec ike local name 1 siten key-id`
　自身の名前を`siten`と指定しています。ここで指定した名前と、ルーターAで `ipsec ike remote name`によって設定する名前が一致している必要があります。

2.8.6 IPsec 接続の確認

IPsecの接続状態は、`show ipsec sa` コマンドで確認できます。

```
# show ipsec sa
Total: isakmp:1 send:1 recv:1

sa   sgw isakmp connection   dir  life[s] remote-id
-----------------------------------------------------------------
```

```
2     1     -     isakmp     -     28708     203.0.113.2
3     1     2     tun[0001]esp  send  28710     203.0.113.2
4     1     2     tun[0001]esp  recv  28710     203.0.113.2
```

　isakmpという鍵を再作成するためのコネクションが1つと、send (送信用通路)
と recv (受信用通路)と表示された実際の通信が使うコネクションが表示されていれ
ば、IPsecは接続されています。

　もし、すべてを削除して接続し直したい場合、ipsec refresh sa コマンドを使い
ます。

　トンネルの状態は、show status tunnel コマンドで確認できます。

```
# show status tunnel 1
TUNNEL[1]:
説明:
 インタフェースの種類: IPsec
 トンネルインタフェースは接続されています
 開始: 2022/04/30 19:14:50
 通信時間: 1分54秒
 受信: (IPv4) 5 パケット [396 オクテット]
       (IPv6) 0 パケット [0 オクテット]
 送信: (IPv4) 3 パケット [180 オクテット]
       (IPv6) 0 パケット [0 オクテット]
```

　最初に、トンネルが接続されているかどうかが表示されます。その後に、送受信し
た IPv4 と IPv6 のパケット数や byte 数合計 (オクテット)が表示されています。

2.8　拠点間接続 VPN の設定　まとめ

- IPsec は、tunnel インターフェースに設定をする。
- メインモードでは、接続先の IP アドレスか FQDN を指定する。
- アグレッシブモードでは、固定 IP アドレス側は any で接続を受け付ける。動的
  IP アドレス側は、接続先 IP アドレスか FQDN を設定する。
- ネットボランチ DNS を利用すれば、どちらも動的 IP アドレスだった場合でも
  IPsec で接続ができる。

<table>
<tr><td>**2.9**</td><td>**無線LANアクセスポイントの設定**</td></tr>
</table>

社員がVLAN40、ゲストがVLAN50を使えるように、無線LANアクセスポイントの設定を行います。

2.9.1 無線LANの設計

無線LANでは、設計にあたって以下の点を考慮する必要があります。

SSID

SSIDは無線LANに接続する際の「ネットワーク名」を示しています。無線LANアクセスポイントからは、定期的にビーコンという信号が送信されます。ビーコンにはSSIDが含まれていて、パソコンはSSIDを知ることができます。このため、SSIDを選択することで希望の無線LANアクセスポイントに接続ができます。

■無線LANアクセスポイントごとにSSIDは違う

ただし、ヤマハの無線LANアクセスポイントはクラスター構成をとります。クラスターが、1台の無線LANアクセスポイントのようにふるまうため、クラスターに属するすべての無線LANアクセスポイントで同じSSIDを持つことができます(クラスターに対してSSIDを設定します)。

VAP

VAPは、1台の無線LANアクセスポイントを複数台あるかのように見せる機能です。1台の無線LANアクセスポイントで複数のSSIDが設定できます。

また、ヤマハ無線LANアクセスポイントはクラスター構成なので、クラスターに複数のSSIDが設定できます。これにより、社員用のSSIDと、ゲスト用のSSIDの2つを作って、使い分けすることができます。

無線LANの規格

無線LANには規格があり、規格によって最大速度や使える周波数帯が異なります。

■無線LANの規格

規格	最大速度	周波数帯
IEEE 802.11a	54Mbps	5GHz
IEEE 802.11b	11Mbps	2.4GHz
IEEE 802.11g	54Mbps	2.4GHz
IEEE802.11n (Wi-Fi 4)	600Mbps	2.4GHz/5GHz
IEEE802.11ac (Wi-Fi 5)	6.93Gbps	5GHz
IEEE802.11ax (Wi-Fi 6)	9.6Gbps	2.4GHz/5GHz

パソコンから無線LANアクセスポイントに接続する場合、双方でサポートしている規格を利用して通信を行いますが、一般的には複数の規格をサポートしています。例えば、IEEE 802.11gをサポートしていれば、下位のIEEE 802.11bもサポートしています。IEEE 802.11aは5GHzと異なる周波数帯なので、サポートしていないこともありますが、2.4GHzと5GHz両方をサポートしている無線LANアクセスポイントも一般的にあります。

パソコンから無線LANアクセスポイントに接続すると、複数の規格から一番速度が速い規格が選択されます。

認証・暗号化

無線 LAN は、電波が届く範囲であれば屋外からも接続できてしまうため、認証と暗号化が必要です。以下は、無線 LAN で使える認証と暗号化方式の例です。

■ 無線LANで使える認証と暗号化方式

方式	説明
WEP	非常に簡単なセキュリティで、利用は推奨されません。
WPA-PSK	WEP を強固にした方式です。
WPA2-PSK	暗号化に、最も強固な AES が使えます。
WPA3-SAE	WPA2 より認証を強化し、この中で最も強固なセキュリティを確保します。

上記は、いずれも認証と暗号化に、事前共有鍵を使います。パソコンと無線 LAN アクセスポイント双方に、同じ事前共有鍵を設定しておきます。パソコンが接続してきたとき、無線 LAN アクセスポイントの事前共有鍵と一致すれば、認証成功となります。

以上を元に、今回の設計は以下のとおりとします。

■ 無線LANの設計

項目	SSID：employee	SSID：guest
使う VLAN	40	50
規格	すべて	すべて
周波数帯	2.4GHz/5GHz 両方	2.4GHz/5GHz 両方
認証方式	WPA2-PSK	WPA2-PSK
暗号化方式	AES	AES
事前共有鍵	password01	guestpass01
用途	社員用	ゲスト用

社員用の SSID: employee では VLAN40 が使え、ゲスト用の SSID:guest では VLAN50 が使えるようにします。SSID と事前共有鍵を変えることで、ゲストが社員用 SSID に接続できないようにしています。

2.9.2 SSIDの設定

　SSIDの追加は、仮想コントローラーの「無線設定」→「共通」→「SSID管理」で行います。

　なお、この時点でもフロアスイッチでVLANの割り当てを行っていない(デフォルトではVLAN1のアクセスポートになっています)ポートに、2台の無線LANアクセスポイントを接続して設定を行います。

■「SSID管理」画面

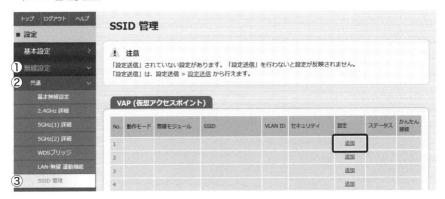

　表示された「SSID管理」画面で、「追加」をクリックすると、次の画面が表示されます。

■「SSID管理」画面（VAP1設定）

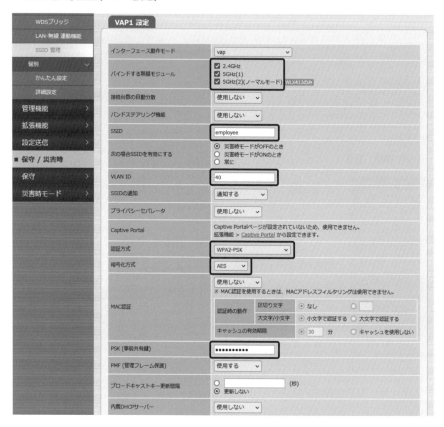

　上記は、SSID：employeeの設定です。四角で囲った部分を、設計どおりに設定しています。規格の選択がありませんが、デフォルトですべての規格が使えるようになっています。変更する場合は、「無線設定」→「共通」→「基本無線設定」で行えます。

　上記画面は途中までの表示ですが、画面下にスクロールして「設定」ボタンをクリックすると、1つ前の画面に戻ります。そこで、「設定送信」をクリックした後に、「送信」ボタンをクリックして各無線LANアクセスポイントに反映させます。

　SSID:guestについても、「SSID管理」画面で設定していないNoの右で「追加」をクリックして同様に設定します。すると、2台の無線LANアクセスポイントどちらでも、社員用のSSIDとゲスト用のSSIDが作成されて接続できるようになります。

2.9.3 LAN スイッチとタグ VLAN を利用して通信する

仮想コントローラーは、デフォルトで同一サブネットからの接続だけ受け付けます。このため、他のサブネットからも接続を受け付けるように変更します。

変更は、「管理機能」→「アクセス管理」の順に選択して行います。

■「アクセス管理」画面

「HTTPの利用を許可するホスト」で"すべて許可する"を選択します。"指定したIPアドレスを許可する"を選択して、その下に許可するIPアドレスを指定することもできます。デフォルトは、"同一ネットワーク内であれば許可する"なので、172.16.100.0/24 に接続されたパソコンからのアクセスのみ許可します。

「設定」ボタンをクリックした後、「設定送信」→「送信」ボタンの順にクリックして、設定を反映します。

　また、仮想コントローラーや無線LANアクセスポイント本体のIPアドレスは、最初にVLAN1のまま設定しましたが、ここで本来のVLAN100に設定します。設定は、「基本設定」→「クラスター設定」で行います。

■「クラスター設定」画面（VLAN100）

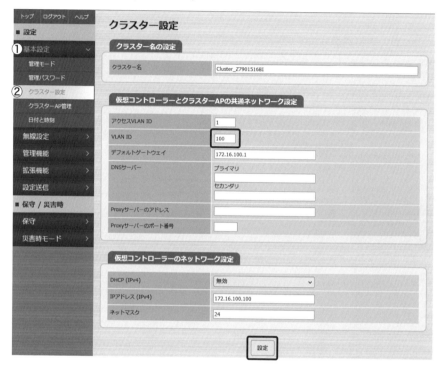

　「アクセスVLAN ID」は、タグなしで送受信するVLAN（ネイティブVLAN）です。ここは、LANスイッチの設定に合わせて1のままとします。「VLAN ID」が、仮想コントローラーや無線LANアクセスポイントへの接続で利用するVLANなので、100にして「設定」ボタンをクリックします。

　そうすると、VLANが変わるため通信できなくなります。また、アクセスVLAN IDと違うVLANを設定すると、タグ付きで送受信されます。このため、通信できるようにフロアスイッチで、無線LANアクセスポイントに接続するポートでタグVLANが使えるように設定します。

　SSID: employeeとguestが利用するVLAN40と50も、タグ付きで送受信されるため、これも使えるようにします。

フロアスイッチのport1.3に無線LANアクセスポイントが接続される前提とすると、設定は以下のとおりです。

```
SWX3100(config)# int port1.3
SWX3100(config-if)# switchport mode trunk
SWX3100(config-if)# switchport trunk allowed vlan add 40,50,100
SWX3100(config-if)# switchport trunk native vlan 1
```

　これで、以下のように仮想コントローラーやSSID:employee、guestとはタグVLANで通信が行えるようになります。

■フロアスイッチやコアスイッチと無線LANアクセスポイント間の通信

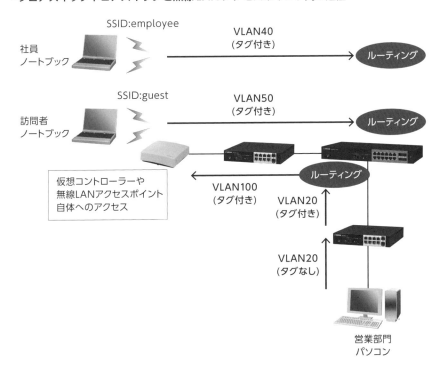

　VLAN100に変えた時、通信できなくなって設定送信していないため、フォロワーAPに設定が反映されていません。このため、パソコンからログインし直して反映させる必要があります。

　まず、フロアスイッチのVLAN20を割り当てたポートにパソコンのケーブルを接続し直します。また、パソコンのIPアドレスを172.16.20.200/24、デフォルトゲートウェ

イを172.16.20.1に変更します。その後、仮想コントローラーにログインし直します。

　仮想コントローラーの「基本設定」→「クラスターAP管理」を選択して「設定」ボタンをクリックし、その後「設定送信」→「送信」ボタンを順にクリックすることで、フォロワーAP側にもVLAN100の設定が反映されます。

2.9.4　端末からの接続方法

　パソコンを無線LANに接続する手順を、Windows 11を例に説明します。

　タスクバー右の地球のようなアイコンをクリックすると、無線のマークが表示されます。その右の「>」をクリックすると、SSID一覧が表示されます。近くにほかの無線LANアクセスポイントがあるとSSIDが複数表示されますが、自身が設定したSSID(今回の例ではemployee)を選択して「接続」をクリックします。

■ Windows 11での無線LAN接続手順

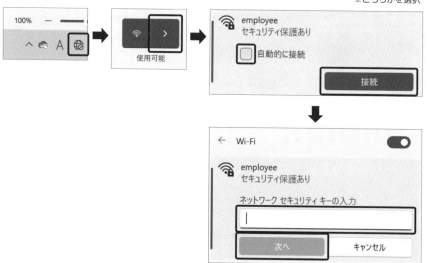

　「ネットワーク セキュリティ キーの入力」のところで設定した事前共有鍵を入力し、「次へ」をクリックすると接続は完了です。「自動的に接続」にチェックを入れておけば、次にパソコンを起動した時も自動で接続されます。

その他の機器での接続方法は、次のとおりです。

- ● **macOS**
  メニューバーで Wi-Fi アイコンをクリックすると、SSID 一覧が表示されます。接続する SSID を選択後、事前共有鍵を入力すれば接続できます。
- ● **iOS・Android**
  「設定」→「Wi-Fi」の順にタップすると、SSID 一覧が表示されます。接続する SSID を選択後、事前共有鍵を入力すれば接続できます。

なお、端末の IP アドレス、サブネットマスク、デフォルトゲートウェイ、DNS サーバーは手動で設定するか、別途 DHCP サーバーを用意して自動で割り当てられるようにする必要があります。

以下に、SSID:employee と guest に接続した時の設定例を示します。

■ **SSID:employeeとguestに接続した時のIPアドレスなど設定例**

SSID	IP アドレス	サブネットマスク	デフォルトゲートウェイ	DNS サーバー
employee	172.16.40.4~254	255.255.255.0	172.16.40.1	172.16.10.1
guest	172.16.50.4~254	255.255.255.0	172.16.50.1	172.16.10.1

ヤマハルーターは DNS サーバーとして動作しているため、この例では DNS サーバーの IP アドレスをヤマハルーターの IP アドレスにしています。

2.9　無線 LAN アクセスポイントの設定　まとめ

- ● 無線 LAN アクセスポイントとして動作するためには SSID を追加して、バインドする無線モジュール (2.4GHz や 5GHz)、SSID、認証方式、PSK (事前共有鍵) などを設定する。
- ●「設定送信」すると、仮想コントローラーからすべての無線 LAN アクセスポイントに送信され、設定が反映される。

2.10 ルーターや LAN スイッチへのアクセス設定

ヤマハルーターや LAN スイッチは、デフォルトで TELNET などの接続を制限しています。このため、VLAN20 や 30 からアクセスしたい場合は、追加で設定が必要です。

2.10.1 ヤマハルーターへのアクセス設定

ヤマハルーターは、デフォルトでは LAN 側のサブネットに接続されたパソコンからだけ TELNET や Web GUI での接続を受け付けます。今回の事例では、VLAN10 に接続されたパソコンからだけ受け付けることになりますが、ここには通常はパソコンを接続しないと思います。

もし、VLAN20 や 30 に接続されたパソコンからのアクセスも受け付ける場合、以下のようにそのサブネットからのアクセスを許可する設定を行います。

```
# telnetd host 172.16.10.1-172.16.10.255 172.16.20.1-172.16.20.255
172.16.30.1-172.16.30.255
# httpd host 172.16.10.1-172.16.10.255 172.16.20.1-172.16.20.255
172.16.30.1-172.16.30.255
```

この設定によって、172.16.20.0/24 と 172.16.30.0/24 のサブネットに接続されたパソコンからも TELNET や Web GUI で接続が可能になります。

telnetd host any と httpd host any を設定して、どこからでも接続を受け付けるようにもできます。

SSH は、デフォルトでどこからも接続できるため、特に設定は不要です。もし、同様に VLAN10 と 20 や 30 からだけアクセスを受け付けたい場合は、以下のように設定します。

```
# sshd host 172.16.10.1-172.16.10.255 172.16.20.1-172.16.20.255
172.16.30.1-172.16.30.255
```

2.10.2 ヤマハLANスイッチへのアクセス設定

ヤマハLANスイッチは、デフォルトではVLAN1からのTELNETやSSH、Web GUIでの接続を受け付けます。

もし、VLAN20や30、100に接続されたパソコンからのアクセスを受け付ける場合、以下のようにコアスイッチでそのVLANからのアクセスを許可する設定を行います。

```
SWX3220(config)# telnet-server interface vlan20
SWX3220(config)# telnet-server interface vlan30
SWX3220(config)# telnet-server interface vlan100
SWX3220(config)# ssh-server interface vlan20
SWX3220(config)# ssh-server interface vlan30
SWX3220(config)# ssh-server interface vlan100
SWX3220(config)# http-server interface vlan20
SWX3220(config)# http-server interface vlan30
SWX3220(config)# http-server interface vlan100
```

この設定によって、172.16.20.0/24と172.16.30.0/24、172.16.100.0/24のサブネットに接続されたパソコンからTELNETやSSH、Web GUIで接続が可能になります。

フロアスイッチでは、VLAN100に対してだけ設定が必要です。VLAN20に接続されたパソコンからフロアスイッチの172.16.100.4へアクセスする経路は、以下のとおりです。

■VLAN20に接続されたパソコンからフロアスイッチへのアクセス経路

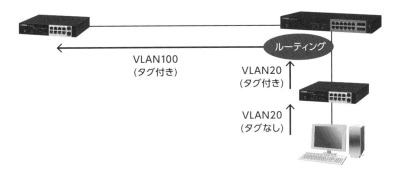

コアスイッチでVLAN100にルーティングされて、フロアスイッチへはVLAN100からのアクセスとなっています。131ページの論理構成図でフロアスイッチがVLAN100とだけ接続されていたことを思い出してください。このため、VLAN100からのアクセスだけ許可すればよいという訳です。

2.11 設定の保存

設定が終わった後は、再起動しても消えないように保存が必要です。
本章では、設定の保存方法について説明します。

2.11.1 ヤマハルーターの設定保存方法

ヤマハルーターでは、コマンドで設定した内容はすぐ動作に反映されます。この設定は、RAM（Random Access Memory）という再起動すると消えるメモリに保存されます。つまり、RAMに保存された設定にしたがって、ヤマハルーターは動作します。

保存場所は、もう1つあります。不揮発性メモリ（Flash ROM）です。不揮発性メモリに保存すると、再起動しても設定が消えません。起動時は、不揮発性メモリからRAMに読み込んで、設定内容が反映されます。

RAMの設定を不揮発性メモリに保存するためには、saveコマンドを使います。saveコマンドによって、再起動しても設定が消えなくなります。つまり、設定変更して正常動作を確認した後は、saveコマンドを忘れないようにする必要があります。

設定は、config0やconfig1など複数ファイルに保存できます。このため、saveコマンドはコンフィグ番号を指定することもできます。例えば、save 1と実行するとconfig1に保存されます。

コンフィグ番号を指定しなかった場合、起動時に利用した設定ファイルに保存されます。デフォルトは、config0です。

設定ファイル関連では、以下のコマンドも使えます。

- ● show config list
設定ファイルの一覧を表示します。

- ● set-default-config[コンフィグ番号]
次回の起動時に利用するコンフィグ番号を指定します。例えば、config1を利用する場合は、set-default-config 1になります。

実行中の設定ファイルや、次回起動時に使われる設定ファイルは、94ページで説明した show environment コマンドで確認できます。

設定は、外部メモリに保存することもできます。外部メモリとは、USB（Universal Serial Bus）メモリや microSD カードのことです。ルーターに挿し込んで使います。

外部メモリに保存するコマンドは、以下のとおりです。

```
# copy config 0 usb1:config.txt
```

configの後の0はコンフィグ番号です。usb1はメディアです。USB スロットが2つある機種では usb2 も使えます。また、microSD カードでは sd1 です。config.txtは、保存するファイル名です。自由なファイル名を付けられますが、設定を反映させる時のことを考えると config.txtがお薦めです。

USB メモリか microSD カードが挿し込まれていて config.txtがあると、USB ボタンまたは microSD ボタン（利用している方）を押したまま DOWNLOAD ボタンを3秒間押し続けると、外部メモリの設定を反映できます。この方法は、事前に外部メモリに設定を保存しておけば、障害でルーターを交換した時でも簡単に設定を復旧させることができます。

2.11.2　ヤマハ LAN スイッチの設定保存方法

ヤマハ LAN スイッチも、コマンドで設定した内容はすぐ動作に反映されます。この設定は running-configと言われ、RAMに保存されます。つまり、ヤマハ LAN スイッチは running-configに保存された設定にしたがって動作しますが、RAMに保存されているので再起動すると設定が消えます。

保存場所は、もう1つあります。不揮発性メモリです。不揮発性メモリに保存された設定は startup-configと言われ、再起動しても設定が消えません。起動時は、startup-configから running-configに読み込んで、設定内容が反映されます。

running-configの内容を startup-configに保存するためには、write コマンドを使います。write コマンドによって、再起動しても設定が消えなくなります。

2.11.3 ヤマハ無線 LAN アクセスポイントの設定保存方法

　ヤマハ無線 LAN アクセスポイントは、仮想コントローラーに Web GUI で設定した際、不揮発性メモリに自動で書き込まれます。このため、再起動しても設定は消えません。また、すでに説明したとおり、クラスター内で設定が共有されています。

2.11 設定の保存 まとめ

- ●ヤマハルーターで、設定を不揮発性メモリに保存するためには save を使う。番号を指定して、異なる設定を保存できる。
- ●ヤマハ LAN スイッチで、設定を不揮発性メモリに保存するためには write を使う。
- ●ヤマハルーターでは、外部メモリにも設定を保存できる。config.txt ファイルがあれば、USB ボタンまたは microSD ボタン (利用している方) を押したまま DOWNLOAD ボタンを 3 秒間押し続けると外部メモリの設定が反映される。

問1　スパニングツリープロトコルで、ブリッジプライオリティを設定するコマンドはどれですか？

a)　spanning-tree path-cost 40000

b)　spanning-tree priority 8192

c)　ip ospf priority 2

d)　spanning-tree id=4096

問2　ルーターで、**OSPF** の設定変更を行った後に実行するコマンドはどれですか？

a)　router ospf

b)　ospf import from static

c)　ospf use on

d)　ospf configure refresh

解答

問1　正解は、**b)** です。

a) は、スパニングツリープロトコルのパスコストを設定するコマンドです。**c)** は、LAN スイッチで OSPF のプライオリティを設定するコマンドです。**d)** のコマンドは、ありません。

問2　正解は、**d)** です。

a) は、LAN スイッチで OSPF を利用するために OSPFv2 モードに移行するコマンドです。**b)** は、ルーターで静的ルーティングの内容を OSPF で再配布する設定です。**c)** は、ルーターで OSPF を有効にするコマンドです。一度有効にしておけば、設定変更時に再度有効にする必要はありません。

3章

要件に合わせた
ネットワークの構築

2章では、ネットワークの構築をシミュレーション形式で説明しました。3章では、これ以外の要件に合わせたネットワークの構築技術について説明します。

なお、説明にあたっては、IPアドレスやPPPoE、IPsecなど2章で説明した設定は完了済の前提とし、説明している機能に関連する部分のみを設定例として示します。

<table>
<tr><td>**3.1**</td><td># ポート関連技術</td></tr>
</table>

3.1 ポート関連技術

ポート関連技術の説明をするとともに、設定方法を解説します。

また、3章では説明している機能がルーターの機能、L2スイッチの機能、L3スイッチの機能、LANスイッチ(L2とL3両方)の機能なのかわかるように、必要な場合はタイトルの下にマークを付けています。

3.1.1 LAN分割機能

ルーターの機能

RTX830は、LAN側に4つのポートがあります。この4つのポートは、L2スイッチとして動作して、デフォルトでは1つのIPアドレスを持ちます。これが、lan1になります。lan1の先にL2スイッチが接続されていて、4つのポートにツイストペアケーブルを接続して使えるイメージです。

■RTX830ポートのイメージ

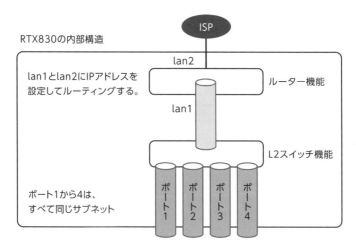

lan1、lan2 など使えるポートは機種によって異なりますが、本書では lan1 を LAN 側、lan2 を ISP 接続側として説明します。

　LAN 分割機能は、lan1 を分割して複数の IP アドレスを設定できるようにする機能です。これによって、通常は LAN 側に 1 つのサブネットしか持てないのですが、複数のサブネットを設定して LAN 側だけでもルーティングを行えるようになります。

■ **LAN分割機能の概要**

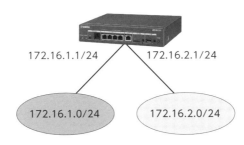

172.16.1.1/24　　172.16.2.1/24

172.16.1.0/24　　172.16.2.0/24

　LAN 分割機能には、基本機能と拡張機能があります。

基本機能

　基本機能では、4 つのポートをすべて別々に分割します。これによって、サブネットが異なる 4 つの IP アドレスを設定し、それぞれルーティングが行えます。

■ **LAN分割機能の基本機能**

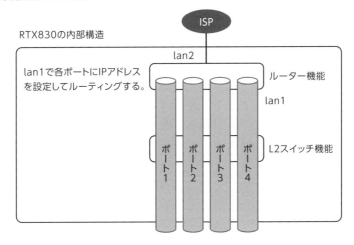

ISP

RTX830の内部構造

lan2

lan1で各ポートにIPアドレス
を設定してルーティングする。

ルーター機能

lan1

ポート1　ポート2　ポート3　ポート4

L2スイッチ機能

設定は、以下のとおりです。

```
# lan type lan1 port-based-ks8995m=divide-network
# ip lan1.3 address 172.16.3.1/24
# ip lan1.4 address 172.16.4.1/24
```

最初のコマンドで、ポート 1 だけが lan1 に設定された IP アドレスを持つことになるため、ポート 1 に接続して設定が必要です。

その次からのコマンドで、lan1.3 と lan1.4 の 3 と 4 の数字はポートの番号です。それぞれに対して、別サブネットの IP アドレスを設定しています。つまり、ポート 3 に 172.16.3.1/24、ポート 4 に 172.16.4.1/24 が設定されます。

拡張機能

拡張機能は、ポートベース VLAN としくみは同じです。各ポートに VLAN を割り当て、VLAN に IP アドレスを設定します。

■ LAN分割機能の拡張機能

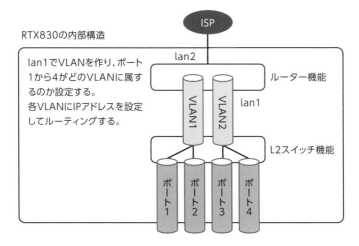

図のとおりに動作させる設定は、以下のとおりです。

```
# lan type lan1 port-based-option=divide-network
# vlan port mapping lan1.1 vlan1
# vlan port mapping lan1.2 vlan1
# vlan port mapping lan1.3 vlan2
# vlan port mapping lan1.4 vlan2
# ip vlan1 address 172.16.1.1/24
# ip vlan2 address 172.16.2.1/24
```

　ポート番号1と2にVLAN1、ポート番号3と4にVLAN2を割り当てています。また、VLAN1と2それぞれに別サブネットのIPアドレスを設定しています。使えるVLAN番号は機種によって異なりますが、RTX830では1から4が使えます。使える番号は少ないですが、ポートベースVLANなので、必ずしも接続先(LANスイッチなど)のVLAN番号と一致させる必要はありません(タグからVLAN情報を判断する訳ではないため、通信可能です)。

　基本機能ではすべてのポートを別サブネットにしましたが、拡張機能ではポートとサブネットの組み合わせを自由に作れるのがメリットです。

　なお、ポート1に接続しているとVLAN1にIPアドレスを設定した時に、接続が途切れます。パソコンのIPアドレスを172.16.1.100などに設定して再接続が必要です。

3.1.2　ヤマハルーターでのタグ VLAN 利用

ルーターの機能

ヤマハルーターで、タグVLANを利用することもできます。

■ヤマハルーターでのタグVLANのしくみ

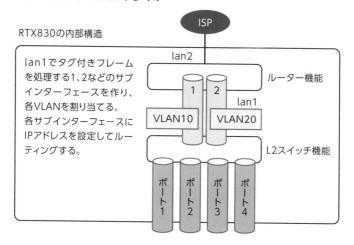

LAN分割機能の拡張機能と違って、ポート1から4はすべてVLAN10も20も使えます。上の図では、各ポートでタグ10が付いたフレームを受信すると、VLAN10として扱ってサブインターフェースの1番で受信します。タグ20では、サブインターフェースの2番で受信します。各サブインターフェースに別サブネットのIPアドレスを設定し、ルーティングを行います。使えるVLAN番号は、2から4094です。

サブインターフェースは、lan1を分割した論理的なインターフェースです。RTX830では、32のサブインターフェースを作れます。

図のとおりに動作させる設定は、以下のとおりです。

```
# vlan lan1/1 802.1q vid=10
# vlan lan1/2 802.1q vid=20
# ip lan1/1 address 172.16.10.1/24
# ip lan1/2 address 172.16.20.1/24
```

　lan1/の後の1と2の数字は、サブインターフェースの番号です。各サブインターフェースにvidでVLAN10と20を割り当てています。また、それぞれのサブインターフェースに対して別サブネットのIPアドレスを設定しています。

　サブインターフェースでルーティングするため、LANスイッチのタグVLANと設定方法に違いがありますが、使い方は同じです。接続相手でもタグVLANを設定していれば、タグを利用した通信が可能です。

　このため、タグVLAN機能によって接続する1台のL2スイッチに複数のサブネット(VLAN)を持たせて、ルーティングで通信させることが可能になります。

■ヤマハルーターでのタグVLAN利用例

3.1.3　ポート分離機能

　ヤマハルーターで、ポート間の通信を制限することができます。LAN 分割機能が複数のサブネットに分けるのに対し、ポート分離機能は 1 つのサブネットのまま通信を制限します。

　ポート分離機能には、基本機能と拡張機能があります。

基本機能

　基本機能は、ポート間の通信を制限しますが、ルーティングは可能にします。

■ **ポート分離機能の基本機能**

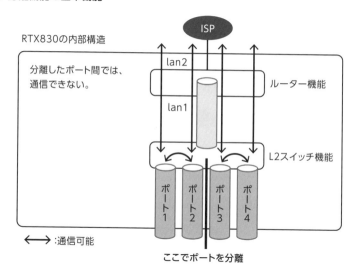

　図のとおりに動作させる設定は、以下のとおりです。

```
# lan type lan1 port-based-option=split-into-12:34
```

　コロン (:) で区切ったポートを分離します。上では、12:34 と設定しているため、ポート 1 と 2 間、ポート 3 と 4 間は通信可能ですが、ポート 1 と 3 などは通信できません。

　いずれのポートも、ルーティングしてインターネットなどと通信が可能です。

　もし、すべてのポートを分離する場合、1:2:3:4 と設定します。この場合、各ポートはルーティングした先とだけ (図の例ではインターネットとだけ) 通信可能になります。

拡張機能

拡張機能は、ポート間の通信を制限し、ルーティングも必要に応じて制限が可能です。

■ ポート分離機能の拡張機能

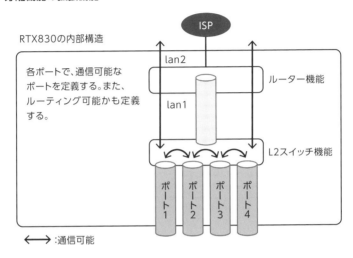

図のとおりに動作させる設定は、以下のとおりです。

```
# lan type lan1 port-based-option=2+,13-,24-,3+
```

カンマ (,) で区切られた部分は、各ポートがどのポートと通信可能かを示します。例えば、設定例ではポート番号 1 はポート番号 2 と通信可能です。

+はルーティング可能、−はルーティング不可を示します。省略すると、+として扱われます。

このため、それぞれのポートへの設定は、以下の意味になります。

●ポート **1** 設定値：　　2+
ポート 2 と通信可能で、ルーティングも可能。

●ポート **2** 設定値：　　13−
ポート 1、3 と通信可能で、ルーティングは不可。

●ポート **3** 設定値：　　24−
ポート 2、4 と通信可能で、ルーティングは不可。

● **ポート 4 設定値：**   3+
ポート 3 と通信可能で、ルーティングも可能。

　留意する点として、ポート 1 の設定値を 4（ポート 4 と通信可）としたとしても、ポート 4 の設定値に 1 が含まれていないと双方向で通信はできません。この場合、ポート 1 から 4 への送信ができても、ポート 4 から 1 への応答が遮断されます。

3.1.4　マルチプル VLAN 機能

LAN スイッチの機能

　マルチプル VLAN 機能は、ルーターのポート分離機能に似た LAN スイッチの機能です。

　ポートをマルチプル VLAN グループに分けて、同じマルチプル VLAN グループに属するポート間のみ通信可能にします。これは、以下のように動作します。

● 同じ VLAN であっても、マルチプル VLAN グループが違えば通信はできません。
● 複数のマルチプル VLAN グループに属せます。その場合、どちらのグループのポートでも通信可能です。
● VLAN が異なる場合でもマルチプル VLAN グループが同じであれば、ルーティングして通信が可能です。
● マルチプル VLAN グループに属さないポート同士の通信は、同一 VLAN 内であれば通信が可能です。VLAN が異なる場合は、VLAN 間ルーティングしていれば通信可能です。
● トランクポートに設定した場合、すべての VLAN がそのマルチプル VLAN グループに属することになります（1 つのトランクポートで VLAN ごとにグループを分けることはできません）。

以下は、マルチプルVLANを使った例です。

■ マルチプルVLANの例

グループ1
port1.1　port1.3　port1.5　port1.7

| VLAN 10 | VLAN 10 | VLAN 10 | VLAN 10 |
| VLAN 20 | VLAN 20 | VLAN 20 | VLAN 20 |

port1.2　port1.4　port1.6　port1.8

グループ2

上記で、VLAN間ルーティングしている場合、通信可能なポートの組み合わせは、以下のとおりです（VLAN間ルーティングしていない場合、以下の組み合わせの内、同一VLANとだけ通信可能です）。

　グループ１：port1.1、port1.2、port1.3、port1.4
　グループ２：port1.4、port1.6
　未設定　　：port1.5、port1.7、port1.8

port1.4は両方のグループに属しているため、port1.1、1.2、1.3、1.6と通信可能です。このとおりに動作させる設定は、以下のとおりです。

```
SWX3220(config)# interface port1.1-3
SWX3220(config-if)# switchport multiple-vlan group 1
SWX3220(config-if)# exit
SWX3220(config)# interface port1.4
SWX3220(config-if)# switchport multiple-vlan group 1-2
SWX3220(config-if)# exit
SWX3220(config)# interface port1.6
SWX3220(config-if)# switchport multiple-vlan group 2
SWX3220(config-if)# exit
```

　各ポートに対して、switchport multiple-vlan group コマンドを使って番号を設定しています。

　マルチプル VLAN グループの設定状況は、show vlan multiple-vlan コマンドで確認できます。

```
SWX3220# show vlan multiple-vlan
GROUP ID  Name                             Member ports
========  ===============================  ======================
1         GROUP0001                        port1.1 port1.2
                                           port1.3 port1.4
2         GROUP0002                        port1.4 port1.6
```

　グループ 1 に port1.1、1.2、1.3、1.4、グループ 2 に port1.4、1.6 が属していることがわかります。

3.1.5　リンクアグリゲーションの設定

LAN スイッチの機能

　リンクアグリゲーションは、すでに 60 ページ「1.6.3 リンクアグリゲーション」で説明したように複数のポートを束ねる技術です。2 章で前提としたネットワークであれば、コアスイッチ間やコアスイッチとフロアスイッチ間でリンクアグリゲーションを利用すれば、通信量が増えた時にも対応できます。また、ポートに障害があった時でも、他のポートで通信を継続できます。

　次からは、port1.1 と port1.2 を束ねる設定を説明します。

　まずは、スタティックリンクアグリゲーションの設定例です。

```
SWX3100(config)# interface port1.1-2
SWX3100(config-if)# switchport access vlan 10      ①
SWX3100(config-if)# static-channel-group 1         ②
SWX3100(config-if)# exit
SWX3100(config)# interface sa1                      ③
SWX3100(config-if)# no shutdown                     ④
```

① **switchport access vlan 10**

各ポートにVLANを割り当てます。必ず各ポートに同じVLANを割り当ててください。この例では、アクセスポートにしていますが、トランクポートに設定してもリンクアグリゲーションは使えます。

② **static-channel-group 1**

論理インターフェース番号を1に設定しています。この番号が同じポートがリンクアグリゲーションに組み込まれます(この設定では port1.1 と 1.2)。その際、sa1 という論理インターフェース(リンクアグリゲーションを構成する複数ポートを1つのインターフェースのように扱う)が作成されます。論理インターフェース番号を2にした場合は、sa2 になります。

③ **interface sa1**

作成した sa1 インターフェースを指定しています。

④ **no shutdown**

sa1 インターフェースを有効にしています。論理インターフェース単位で有効にしたり、無効(shutdown)にしたりできます。

スタティックリンクアグリゲーションの設定内容は、show static-channel-group コマンドで確認できます。

```
SWX3100# show static-channel-group
% Static Aggregator: sa1
% Load balancing: src-dst-mac
% Member:
  port1.1
  port1.2
```

接続先の LAN スイッチでも、同様にスタティックリンクアグリゲーションの設定が必要です。

次は、LACP リンクアグリゲーションの設定例です。

```
SWX3100(config)# interface port1.1-2
SWX3100(config-if)# switchport access vlan 10
SWX3100(config-if)# channel-group 1 mode active     ①
SWX3100(config-if)# exit
SWX3100(config)# interface po1                      ②
SWX3100(config-if)# no shutdown                     ③
```

① channel-group 1 mode active

論理インターフェース番号を1、モードをアクティブモードに設定しています。同じ論理インターフェース番号を割り当てたポートがリンクアグリゲーションに組み込まれます(この設定では port1.1 と 1.2)。その際、po1 という論理インターフェースが作成されます。active を passive に変えると、パッシブモードになります。

② interface po1

作成した po1 インターフェースを指定しています。

③ no shutdown

po1 インターフェースを有効にしています。

show etherchannel コマンドで LACP リンクアグリゲーションに組み込まれているポートを確認できます。

```
SWX3100# show etherchannel
% Lacp Aggregator: po1
% Load balancing: src-dst-mac
% Member:
   port1.1
   port1.2
```

スタティックリンクアグリゲーションでも LACP リンクアグリゲーションでも、ポート番号や論理インターフェース番号は、接続先と一致させる必要はありません。

■ ポートや論理インターフェース番号は対向機器で一致させなくてよい

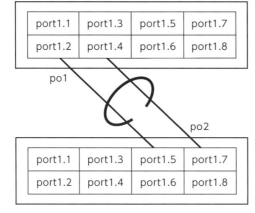

※ポートの番号やpo1、po2などの論理インターフェース番号が接続先と一致していなくても、リンクアグリゲーションは可能

このため、コアスイッチから多数のフロアスイッチをリンクアグリゲーションで接続する際は、以下のような設計が可能です。

- **コアスイッチ**
  フロアスイッチ 1 との接続では port1.1 と 1.2 で po1 を使い、フロアスイッチ 2 との接続では port1.3 と 1.4 で po2 を使うなど順番に割り当てる。
- **フロアスイッチ**
  わかりやすいように、すべてのフロアスイッチで port1.1 と 1.2 で po1 を使う (コアスイッチ側の接続するポート番号などに合わせない)。

3.1.6　スタックの設定

LAN スイッチの機能

スタックは、すでに 62 ページ「1.6.4 スタック」で説明したように複数の LAN スイッチを 1 台のように見せる技術です。2 章で前提としたネットワークであれば、フロアスイッチをスタックにしてリンクアグリゲーションも併用すると、耐障害性 (障害があっても通信不可にならない可能性) が向上します (スタックした場合、スタティックリンクアグリゲーションのみサポートされています。また、SWX3100-10G はスタックに対応していないため、スタックをサポートしている機種を選択する必要があります)。

ヤマハ LAN スイッチは、スタックを構成する際にスタック ID という番号を使います。スタック ID が 1 (デフォルト) の LAN スイッチがメインスイッチとなり、スタック全体を管理します。また、スタック ID が 1 以外の LAN スイッチはメンバースイッチとなり、スタックを構成するメンバーになります。

ヤマハ LAN スイッチは、初期状態ではスタックが無効になっています。このため、スタックで接続する前に、次ページの設定を行います。

```
SWX3220(config)# stack 1 renumber 2          ①
SWX3220(config)# stack enable                ②
reset configuration and reboot system? (y/n): y   ③
```

① stack 1 renumber 2

スタック ID を 1 から 2 に変更しています (デフォルトは 1 です)。これは、メンバー
スイッチだけで設定します。値は、1 と 2 だけ設定できます。

② stack enable

スタック機能を有効にしています。これは、両方の LAN スイッチで設定します。

③ reset configuration and reboot system? (y/n): y

再起動を促されるため、y を入力して再起動します。

上記の後、SWX3220-16MT であれば、ダイレクトアタッチケーブルで以下のよう
に接続すると、スタックが構成されます。

■ ダイレクトアタッチケーブルでの接続方法

接続元機器	接続元ポート	接続先機器	接続先ポート
メインスイッチ	port1.15	メンバースイッチ	port1.16
メインスイッチ	port1.16	メンバースイッチ	port1.15

スタックの状態は、show stack コマンドで確認できます。

```
SWX3220# show stack
Stack: Enable

Configured ID      : 1
Running ID         : 1
Status             : Active
Subnet on stack port : 192.168.250.0
Virtual MAC-Address : 11:ff:11:ff:11:ff

ID  Model        Status   Role    Serial      MAC-Address
----------------------------------------------------------------------
1   SWX3220-16MT Active   Master  Zxxxxxxxxx  11:ff:11:ff:11:ff
2   SWX3220-16MT Active   Slave   Zxxxxxxxxx  ff:11:ff:11:ff:11
```

```
Interface     Status
----------------------------------------------------------------------
port1.15      up
port1.16      up
port2.15      up
port2.16      up
```

　2台のSWX3220-16MTでスタックが構成されていて、2台ともActiveになっていることがわかると思います。また、port1.15などがupしていますが、これがダイレクトアタッチケーブルを接続しているポートです。

　なお、スタック構成後のポート番号指定には留意が必要です。これまで、port1.2やport1.3などと設定してきましたが、最初の1はスタックIDを示します。このため、メンバー側のLANスイッチのポートは、port2.2やport2.3などと指定する必要があります。

■ **スタックした時のポートの指定方法**

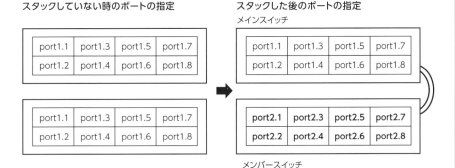

　設定は、デフォルトであれば192.168.100.240に接続すれば行えます。その設定は、1台のLANスイッチのように動作して、ポート(図の例ではport2.1から8)が増えたイメージで使えます。

3.1 ポート関連技術　まとめ

- ●ヤマハルーターで、LAN 側に複数のサブネットを作る場合は LAN 分割機能を使う。
- ●ヤマハルーターでタグ VLAN を使う場合は、サブインターフェースを作る。
- ●ヤマハルーターで、1 つのサブネット内で通信可能なポートを制限するためには、ポート分離機能を使う。
- ●ヤマハ LAN スイッチで、通信可能なポートを制限するためには、マルチプル VLAN 機能を使う。
- ●スタックする時は、事前にスタック ID を変更して、スタック機能を有効にしてからダイレクトアタッチケーブルで接続する。

3.2 ルーティング関連技術

2章で触れなかったルーティング関連技術について、説明します。

3.2.1 RIPの設定

ルーター、L3スイッチの機能

RIPは、OSPFと違ってほとんど設定を有効にするだけで動作します。今回は、RIPv2の設定について説明します。

ルーターでのRIPの設定は、以下のとおりです。

```
# rip use on                        ①
# ip lan1 rip send on version 2     ②
# pp select 1
pp1# ip pp rip send off             ③
pp1# ip pp rip receive off          ④
```

① rip use on

RIPを有効にしています。

② ip lan1 rip send on version 2

RIPで送信するバージョンを2に指定しています。送信するバージョンのデフォルトは1です。また、受信はデフォルトで1も2も行います。このため、このコマンドを設定しない場合は、RIPv1で送受信されます。

③ ip pp rip send off

インターネットにRIPを送信しないように、ppインターフェースでoffにしています。

④ ip pp rip receive off

インターネットからのRIPを受信しないように、ppインターフェースでoffにしています。

　静的ルーティングでインターネット側がデフォルトルートになっていた場合、自動で RIP に再配布されます。このため、ルーターに L3 スイッチを接続して RIP で送受信した場合、L3 スイッチのデフォルトルートはルーターになります。

　次は、L3 スイッチの設定です。

```
SWX3220(config)# router rip
SWX3220(config-router)# network 172.16.0.0/16
```

　router rip で RIP モードに移行します。network コマンドで、RIP が有効なネットワーク範囲を設定します。この範囲にある IP アドレスを設定した VLAN が、RIP の送受信を行います (RIP ルーティングドメインに組み込まれます)。また、SWX3220-16MT では RIP のデフォルトはバージョン 2 です。もし、バージョン 1 にしたい場合は、RIP モードで version 1 コマンドを実行します。

3.2.2 フィルタ型ルーティング機能

フィルタ型ルーティングとは、IPアドレスなどの条件によってルーティング先を変える機能です。

例えば、2つのISPと契約していたとします。この時、送信元のIPアドレスによって負荷分散させることができます。

■フィルタ型ルーティングの例(ISPを負荷分散)

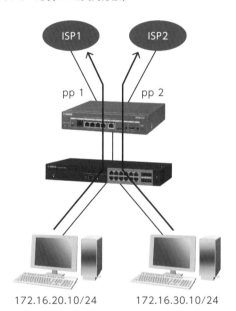

172.16.20.10/24   172.16.30.10/24

上記は、172.16.20.0/24からの通信であればISP1、それ以外からの通信であればISP2へ送信するようにしています。

これを実現する設定は、以下のとおりです。

```
# ip filter 1 pass 172.16.20.0/24 * * * *
# ip route default gateway pp 1 filter 1 gateway pp 2
```

これは、172.16.20.0/24 の範囲の IP アドレスが送信元の場合、pp1 がデフォルトルートになります。1 行目で IP アドレスの範囲を指定し、2 行目の filter 1 でその範囲にあれば pp1 がデフォルトルートになるためです。それ以外では、pp2 がデフォルトルートになります (gateway pp 2 が該当)。

また、以下のように支店は必ず IPsec で接続した本社を経由してインターネットと通信させることもできます。

■ **必ず本社を経由してインターネットと通信する例**

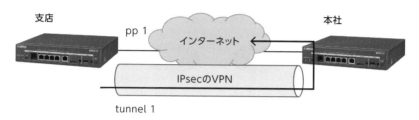

これは、本社側でセキュリティ機能が充実している場合に考えられる構成です。例えば、本社でインターネット接続先を制限したりします。

この場合、支店側ルーターでフィルタ型ルーティングの設定を行います。設定は、以下のとおりです。

```
# ip filter 1 pass * * udp * 500
# ip filter 2 pass * * esp * *
# ip route default gateway pp 1 filter 1 2 gateway tunnel 1
```

UDP の 500 番ポートは、IPsec を接続するために使う IKE (Internet Key Exchange) で使います。ESP は、実際の通信で使う IPsec SA で使います。

このため、IPsec 自体の通信は pp 1 がデフォルトゲートウェイになりますが、それ以外 (トンネル内を通る本社やインターネット宛ての通信) であれば tunnel 1 インターフェースがデフォルトゲートウェイになります。

3.2 ルーティング関連技術 まとめ

● ヤマハルーターは RIPv1 が送信のデフォルトで、LAN スイッチは RIPv2 がデフォルトである。コマンドで、RIPv1 や RIPv2 を送信するように設定できる。

● フィルタ型ルーティングは、IP アドレスやポート番号によってルーティング先を変えることができる。

インターネット接続関連技術

ここでは、2章で説明しきれなかったインターネット接続関連の技術と設定方法について説明します。

3.3.1 NAT 機能

ルーターの機能

NATは、IPアドレスを変換する技術です。動的IPマスカレードは、IPアドレスとポート番号を変換しましたが、NATではポート番号は変換しません。

NATには、2種類あります。

静的 NAT

指定したIPアドレスを、1対1で変換します。例えば、インターネット側から開始した通信で宛先が203.0.113.2であれば、172.16.100.2に変換する定義ができます。その定義では、LAN側から開始した通信で送信元が172.16.100.2であれば、203.0.113.2に変換できます。静的NATは、主にインターネットに公開するサーバーで使います。

■インターネットで公開するサーバーで静的NATを使う例

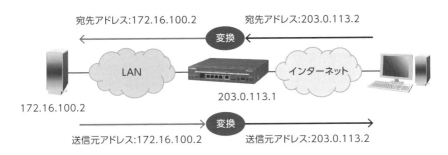

※パソコンから通信を開始しても、サーバーから通信を開始しても、
　上記のアドレス変換が行われる。

動的 NAT

プライベートアドレスをグローバルアドレスに多対多で変換します。例えば、LAN 側から開始した通信で、送信元が 172.16.100.2~10 の範囲であれば、203.0.113.2~10 の範囲に変換する定義ができます。

■動的NATの例

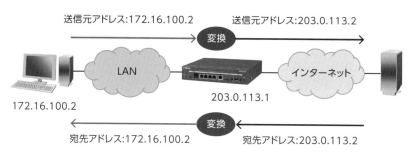

サーバーへの通信

送信元アドレス:172.16.100.2　　　送信元アドレス:203.0.113.2

LAN　　　インターネット

172.16.100.2　　　203.0.113.1

宛先アドレス:172.16.100.2　　　宛先アドレス:203.0.113.2

サーバーからの応答(元々のアドレスに変換する)

※172.16.100.2だけでなく、設定した範囲の送信元アドレスが
　すべて使えるグローバルアドレスに変換される。
※サーバーから開始した通信は、変換されない。

以下は、説明どおりに動作させるための静的 NAT の設定です。

```
# nat descriptor type 1000 nat                          ①
# nat descriptor static 1000 1 203.0.113.2=172.16.100.2  ②
# pp select 1
pp1# ip pp nat descriptor 1000                          ③
```

①nat descriptor type 1000 nat

NAT ディスクリプターの番号を 1000 にし、動作タイプに nat を指定することで静的 NAT を有効にしています。

②nat descriptor static 1000 1 203.0.113.2=172.16.100.2

NAT ディスクリプター 1000 を指定して、203.0.113.2 と 172.16.100.2 を 1 対 1 に変換するよう設定しています。1000 の次の 1 は、NAT ディスクリプター内のエントリー番号です。複数定義する場合は、2 など番号を変えます。

③ip pp nat descriptor 1000

NAT ディスクリプター 1000 を、pp1 インターフェースに適用しています。これで、

インターネットと通信する時に、定義した静的 NAT が有効になります。

次は、動的 NAT の設定です。

```
# nat descriptor type 1000 nat
# nat descriptor address inner 1000 172.16.100.2-172.16.100.10    ①
# nat descriptor address outer 1000 203.0.113.2-203.0.113.10      ②
# pp select 1
pp1# ip pp nat descriptor 1000
```

静的 NAT と違うところだけ、説明します。

① **nat descriptor address inner 1000 172.16.100.2-172.16.100.10**
　LAN 側（inner）の変換対象アドレスとして、172.16.100.2 から 10 を設定しています。

② **nat descriptor address outer 1000 203.0.113.2-203.0.113.10**
　変換後のインターネット側（outer）アドレスとして、203.0.113.2 から 10 を設定しています。

　上記により、172.16.100.2 がインターネットと通信する時、送信元 IP アドレスは203.0.113.2 に変換されます。次に、172.16.100.10 がインターネットと通信する時、送信元 IP アドレスは空いている 203.0.113.3 に変換されます。つまり、203.0.113.2から 10 の間で、空いている IP アドレスが自動で割り当てられます。

3.3.2　IP マスカレード機能

ルーターの機能

　IP マスカレードは、ポート番号まで含めて変換する技術です。すでに説明した動的IP マスカレードは自動でポート番号を割り当てますが、IP マスカレードにはもう1種類あって静的 IP マスカレードと言います。
　静的 IP マスカレードは、指定した IP アドレスとポート番号を1対1で変換します。例えば、インターネット側から開始した通信で宛先が203.0.113.2 でポート番号 80 あれば、172.16.100.2 のポート番号 8080 に変換する定義ができます。その定義では、LAN 側からの通信で送信元が172.16.100.2 のポート番号 8080 であれば、203.0.113.2 の80番 に変換できます。

　静的 IP マスカレードは、主にインターネットに公開するサーバーで、ポート番号の
変換が必要、もしくは特定のプロトコルやポート番号だけ通信させたい時に使います。

■インターネットで公開するサーバーで静的IPマスカレードを使う例

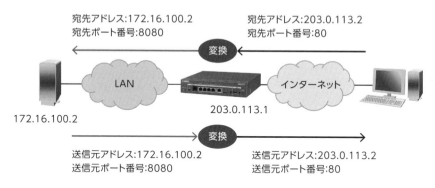

※サーバーから通信を開始する場合、送信元ポート番号が8080ということは
ないため、上記はパソコンから通信を開始した場合だけ適用される。

　以下は、説明どおりに動作させるための静的 IP マスカレードの設定です。

```
# nat descriptor type 1000 masquerade
# nat descriptor address outer 1000 203.0.113.2                    ①
# nat descriptor masquerade static 1000 1 172.16.100.2 tcp 80=8080 ②
# pp select 1
pp1# ip pp nat descriptor 1000
```

①**nat descriptor address outer 1000 203.0.113.2**

　NAT ディスクリプター 1000 を指定して、インターネットから接続する時の (outer)
宛先アドレスとして 203.0.113.2 を設定しています。これは、インターネットへ通
信する時の変換後の送信元アドレスとしても使われます。設定しない時は、デフォ
ルトでルーターのインターネット側 IP アドレスが使われます。

②**nat descriptor masquerade static 1000 1 172.16.100.2 tcp**
80=8080

　NAT ディスクリプター 1000 を指定して、インターネットから接続する時の変換後
のアドレスとして 172.16.100.2 を設定しています。1000 の後の 1 は、エントリー
番号です。番号を変えて、複数の設定が行えます。また、宛先ポート番号を 80 から
8080 に変換する設定をしています。逆に、インターネットへの通信では、送信元ポー

ト番号が8080から80番に変換されます。80だけ指定するとポート番号は変換せずに、指定したポート番号宛ての通信だけがIPアドレスの変換対象になります(ポート番号80以外の通信は変換しないため、通信できません)。

2章でネットワークを構築する際、「2.8.4 メインモードの設定」の146ページで以下の設定がありました。これは、静的IPマスカレードの設定です。

```
# nat descriptor masquerade static 1000 1 172.16.10.1 udp 500
# nat descriptor masquerade static 1000 2 172.16.10.1 esp
```

UDPの500番ポートとESPは、IPsecで使います。ESPにはポート番号がないため、この設定のようにポート番号の指定は不要です。

この設定では、ルーターのインターネット側IPアドレス宛ての場合、IKEやESPであれば、172.16.10.1に変換されます。また、ルーターから発信される通信がIKEやESPであれば、送信元がルーターのインターネット側IPアドレスに変換されます。

■ IPsecで通信する時の静的IPマスカレードの動き

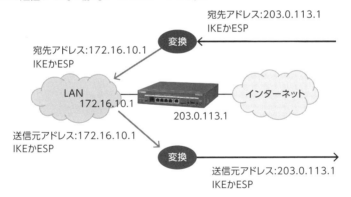

※2章のIPsec設定で、ipsec ike local address 1 172.16.10.1と
設定しているため、発信元は172.16.10.1になる。

3.3.3 NATディスクリプターについての補足

これまで、nat descriptor typeで指定する動作タイプとして、masquerade
とnatが出てきました。これ以外では、none、nat-masqueradeがあり、動作タイプによって使える機能が次のように決まっています。

■NATディスクリプターで指定する動作タイプと使える機能

動作タイプ	静的 NAT	動的 NAT	静的 IP マスカレード	動的 IP マスカレード
none	×	×	×	×
nat	○	○	×	×
masquerade	○	×	○	○
nat-masquerade	○	○	○	○

NATを利用する場合は、natを指定します。IP マスカレードを利用する場合は、masqueradeを指定します。masqueradeでは、静的 NATも使えます。
以下のように、1つの NAT ディスクリプターで、複数の機能を有効にすることもできます。

```
# nat descriptor type 1000 masquerade
# nat descriptor static 1000 1 203.0.113.2=172.16.100.2
# pp select 1
pp1# ip pp nat descriptor 1000
```

190 ページの静的 NATの設定例とほとんど同じですが、動作タイプを masquerade
にしています。このため、172.16.100.2 からの送信では送信元が203.0.113.2 へ静的
NATで変換されますが、それ以外は動的 IP マスカレードで変換されます。
複数機能が動作する時の優先順位は、以下のとおりです。

① 静的 NAT
② 動的 NAT
③ 静的 IP マスカレード
④ 動的 IP マスカレード

つまり、静的NATの設定がなければ、172.16.100.2は動的IPマスカレードで変換されますが、静的NATの設定があるので優先されて、203.0.113.2に変換されるという訳です。

nat-masqueradeを指定しても優先度は同じですが、動的NATが設定されていた場合、1つ特徴的な動きがあります。最初は、動的NATで変換後のIPアドレスを割り当てていきますが、残りが1つになると変換できなくなることがないように、残り1つのIPアドレスで動的IPマスカレードが動作して、ポート番号まで含めて変換するという動きになります。

例 え ば、 動 的 NATで nat descriptor address outer 1001 203.0.113.2-203.0.113.10 と設定していて、すでに203.0.113.2から9まで変換で使っていたとします。この時、新たにインターネットと通信するパソコンがあった場合、残りの203.0.113.10しか使えません。このため、動的IPマスカレードが動作して、送信元が203.0.113.10にポート番号含めて変換されます。さらに他のパソコンがインターネットに接続する時も、送信元が同じ203.0.113.10にポート番号含めて変換されるということです。

3.3.4　Twice NAT 機能

ルーターの機能

Twice NATは、プライベートアドレスが衝突 (同じアドレス範囲) している時、送信元も宛先も1つのルーターで同時に変換することで、衝突していないように見せる技術です。

例えば、A支店とB支店は同じ192.168.100.0/24のネットワークを使っていたとします。その後、A支店とB支店をIPsecで接続することになった場合、同じ192.168.100.0/24を使っているためルーティングできないといった課題が発生します。

■プライベートアドレスが衝突するネットワークの接続

B支店

IPsec

A支店

インターネット

192.168.100.2/24　　　　　　　　　　　　　　192.168.100.2/24

これは、会社の合併などでもよく起こる課題です。2つの会社で同じIPアドレスを使っている場合、簡単にすべての機器のIPアドレスを変更できないけど、通信はさせないといけないといったことが発生します。

これは、双方のルーターで静的NATを設定すると実現可能ですが、Twice NATを使うと片側のルーターだけで実現できます。

■衝突を回避する方法(Twice NAT)

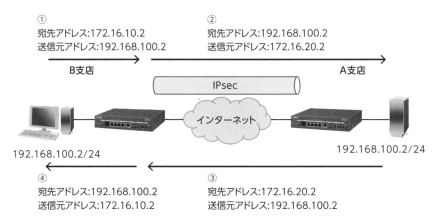

上記のしくみは、以下のとおりです。

① B支店のパソコンは、サーバーと通信するために宛先172.16.10.2(本来は192.168.100.2としても)、送信元192.168.100.2で送信します。

② B支店のルーターは、Twice NAT機能によって宛先192.168.100.2、送信元172.16.20.2に変換します。

③ サーバーからの応答は宛先172.16.20.2(②で送信元が172.16.20.2だったため)で、送信元が192.168.100.2になります。

④ B支店のルーターは、Twice NAT機能によって宛先192.168.100.2、送信元172.16.10.2に変換してパソコンに届けます。パソコンでは、宛先のサーバー(172.16.10.2)から応答があったと認識して、通信が成立します。

上記と同じ動きをするための設定は、以下のとおりです。

```
# nat descriptor type 2000 nat
# nat descriptor address outer 2000 172.16.20.1-172.16.20.254          ①
# nat descriptor static 2000 1 172.16.20.1=192.168.100.1 254          ②
# nat descriptor type 2001 nat
# nat descriptor address outer 2001 172.16.10.1-172.16.10.254          ③
# nat descriptor static 2001 1 172.16.10.1=192.168.100.1 254          ④
# tunnel select 1
tunnel1# ip tunnel nat descriptor 2000 reverse 2001                   ⑤
tunnel1# tunnel select none
# ip route 172.16.10.0/24 gateway tunnel 1                            ⑥
```

① nat descriptor address outer 2000 172.16.20.1-172.16.20.254
　 B支店の外側(outer)で使うアドレスとして、172.16.20.1から172.16.20.254を定義しています。これが、A支店から見えるアドレスです。

② nat descriptor static 2000 1 172.16.20.1=192.168.100.1 254
　 172.16.20.1と192.168.100.1の間で変換する設定をしています。最後の254は、連続するIPアドレスで何個まで同様に変換するかを示しています。このため、172.16.20.2であれば192.168.100.2、172.16.20.3であれば192.168.100.3と変換されます。

③ nat descriptor address outer 2001 172.16.10.1-172.16.10.254
　 A支店の外側(outer)で使うアドレスとして、172.16.10.1から172.16.10.254を定義しています。これが、B支店から見えるアドレスです。

④ nat descriptor static 2001 1 172.16.10.1=192.168.100.1 254
　 172.16.10.1から254が、192.168.100.1から254の間で変換する設定をしています。

⑤ ip tunnel nat descriptor 2000 reverse 2001
　 tunnelインターフェースにNATディスクリプター2000と2001を適用しています。

⑥ ip route 172.16.10.0/24 gateway tunnel 1
　 相手先を192.168.100.0/24ではなく172.16.10.0/24に偽っているため、そのサブネットに対して静的ルーティングを設定します。

⑤で、2001を適用する時のreverseキーワードが最大のポイントです。通常の静的NATであれば、LAN側に接続された機器のIPアドレスを外側に接続された機器に対して偽ります(例えば、グローバルアドレスに変換します)。これを、順方向と呼びます。①と②は、その設定です。このため、A支店からはB支店が172.16.20.0/24のネットワークに見えます。

■A支店のサーバーから見たネットワーク

B支店　　　　　　　　　　A支店

172.16.20.2/24　　　　　192.168.100.2/24

※172.16.20.2/24は、ルーターがサーバーに対して
偽ったアドレス

　reverseキーワードで指定したNATは、外側に接続された機器のIPアドレスを
LAN側に接続された機器に対して偽ります。これを、逆方向と呼びます。③と④は、
その設定です。このため、B支店からはA支店が172.16.10.0/24のネットワークに見
えます。

■B支店のパソコンから見たネットワーク

B支店　　　　　　　　　　A支店

192.168.100.2/24　　　　172.16.10.2/24

※172.16.10.2/24は、ルーターがパソコンに対して
偽ったアドレス

　つまり、外側に接続された機器だけでなく、LAN側に接続された機器に対してもIP
アドレスを偽ることで、IPアドレスが重複していないように見せています。
　A支店側では、Twice NAT関連の設定は不要ですが、静的ルーティングの設定だけ
留意が必要です。A支店側ルーターでは、B支店側が172.16.20.0/24のネットワーク
に見えるため、ip route 172.16.20.0/24 gateway tunnel 1と設定します。
　なお、パソコンからサーバーへ通信する際は、IPアドレスを172.16.10.2と指定し
て通信する必要があります。このため、DNSを利用するのであれば、A支店のサーバー
を172.16.10.2でAレコード（FQDNからIPアドレスが引ける）に登録する必要があ
ります。

3.3.5　ネットワークバックアップの設定

　ネットワークバックアップは、すでに68ページで説明したように監視先の応答がなくなると、経路を切り替える技術です。

　設定を説明するにあたって、前提とするネットワークは以下とします。

■ネットワークバックアップの設定を説明するためのネットワーク

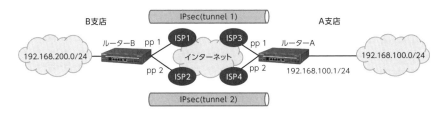

　上記では、各支店のルーターで2つのISPと契約しているものとします。アクセス回線(FTTHなど)が1つで2つのISPと契約していても、アクセス回線が2つで別の通信事業者と契約してもかまいません。アクセス回線が2つの場合は、ルーターもFTTHに接続するポートが2つ必要になります(RTX830ではなくRTX1220などが必要)が、アクセス回線の障害にも対応可能になります。

■2つのISPとの接続形態

[アクセス回線が1つ]

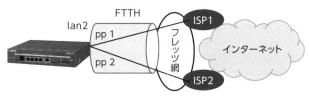

[アクセス回線が2つ]

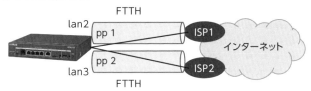

※lan2と3など、アクセス回線に接続するポートが
　2つ必要ですが、lan2障害時もlan3に切り替え可能

それぞれの ISP を経由して、tunnel 1 と tunnel 2 の 2 つの IPsec が接続されている
ものとします (pp 1、pp 2、tunnel 1、tunnel 2 それぞれ設定されているものとします)。

tunnel 1 で障害があった時、tunnel 2 に切り替えたいとします。この時のルーター
B のネットワークバックアップの設定は、以下のとおりです。

```
# ip keepalive 1 icmp-echo 10 6 192.168.100.1  ①
# ip route 192.168.100.0/24 gateway tunnel 1 keepalive 1 gateway
tunnel 2 weight 0                               ②
```

①ip keepalive 1 icmp-echo 10 6 192.168.100.1

監視先として、ルーター A の LAN 側 IP アドレスを設定しています。10秒間隔で監
視し、6回応答がないと通信できないと判断します。keepalive の後の1は、識別
番号です。

②ip route 192.168.100.0/24 gateway tunnel 1 keepalive 1 gateway
tunnel 2 weight 0

192.168.100.0/24宛ての通常経路として、tunnel 1 を設定しています。
keepalive 1 を指定しているため、識別番号 1 の監視に応答がない場合は、
tunnel 2 に経路が切り替わります。

ルーター A でも同様の設定が必要です。

weight を 0 にしていると、tunnel 1 で監視の応答がなくならない限り、tunnel
2 は使われません。つまり、アクティブ・スタンバイです。監視の応答がなくなった
時、show ip route コマンドで確認すると、以下のように (down) と表示されて、
tunnel 1 の経路が無効になったことがわかります。つまり、tunnel 2 経由で通信が行
われます。

```
# show ip route
宛先ネットワーク        ゲートウェイ         インタフェース   種別        付加情報
default              -                   PP[01]      static
192.168.200.0/24     192.168.200.1       LAN1       implicit
192.168.100.0/24     -                   TUNNEL[1]   (down)    k(1)
192.168.100.0/24     -                   TUNNEL[2]   static    w(0)
```

この時点でも、ICMP Echo は元の tunnel 1 経由で監視します。このため、tunnel 2
経由で ICMP Echo が到達可能であっても、通信経路が tunnel 1 に戻ったりしません。
tunnel 1 経由の ICMP Echo で応答があった時に、自動で戻ります。

3.3.6　フローティングスタティックの設定

　フローティングスタティックは、すでに68ページで説明したように動的ルーティング情報を受信できなくなった時、静的ルーティングの経路に切り替える方法です。

　設定を説明するにあたって、前提とするネットワークは以下とします。

■ フローティングスタティックの設定を説明するためのネットワーク

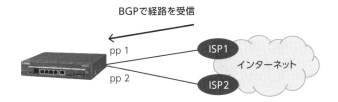

　2つのISPと契約し、pp 1とpp 2で接続していたとします。こちらも、アクセス回線が1つでも2つでもかまいません。

　ISP1からBGPで経路を受信できなくなった時、ISP2側に経路を切り替えたいとします。これを実現するための、フローティングスタティックの設定は、以下のとおりです。

```
# bgp preference 10001              ①
# ip route default gateway pp 2     ②
```

① bgp preference 10001

　BGPの経路を、静的ルーティングより優先します。これにより、BGPの経路が静的ルーティングより優先してルーティングテーブルに反映されます。

② ip route default gateway pp 2

　静的ルーティングで、デフォルトゲートウェイを pp 2 にしています。BGPの経路がない、またはBGPの経路が失われた場合、この経路が使われます。

経路の優先度は、デフォルトでは以下になっています。

■経路の優先度

ルーティングプロトコル	値
静的ルーティング	10000
OSPF	2000
RIP	1000
BGP	500

　同じ経路があった場合、値が大きいほど優先されます。例えば、OSPFでもRIPでも172.16.1.0/24の経路を受信した場合、デフォルトではOSPFの経路が優先されてルーティングテーブルに反映されます。

　デフォルトでは、静的ルーティングの値が10000なので一番優先されます。bgp preference 10001は、この優先度を10001とし、静的ルーティングより優先させ、静的ルーティング側をバックアップ経路にしています。もし、BGPの経路を受け取れなくなると、静的ルーティング側がルーティングテーブルに反映されます。

　どちらの経路が有効になっているかは、show ip route コマンドで確認できます。

3.3.7　インターフェースバックアップの設定

ルーターの機能

　インターフェースバックアップは、すでに69ページで説明したようにppインターフェースのダウンを検知した時、バックアップ側のppインターフェースに切り替える方法です。

　設定を説明するにあたって、前提とするネットワークは以下とします。

■インターフェースバックアップの設定を説明するためのネットワーク

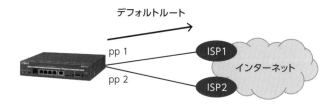

2つのISPと契約し、pp 1とpp 2で接続されていて、デフォルトルートはpp 1側とします。こちらも、アクセス回線が1つでも2つでもかまいません。ISP1との接続が途切れた時、ISP2側に接続を切り替えたいとします。

　これを実現するための、インターフェースバックアップの設定は、以下のとおりです。

```
# pp select 1              ①
pp1# pp backup pp 2         ②
```

① pp select 1

　アクティブとなるpp 1を選択しています。

② pp backup pp 2

　バックアップ回線として、pp 2を設定しています。

　上記により、デフォルトルートをpp 1にしていた場合でも、pp 1がダウンするとpp 2がデフォルトルートに切り替わります。

　どちらのppインターフェースが使われているか確認する時は、show status backupコマンドを使います。。

```
# show status backup
  INTERFACE    DLCI   BACKUP              STATE           TIMER
  --------------------------------------------------------------------
  PP[01]              PP[02]              master
```

　STATEがmasterになっているため、PP[01]側(pp 1)が使われています。もし、切り替わった場合はSTATEがbackupと表示されます。

　DNSを問い合わせるサーバーも切り替えが必要な時は、以下の設定を追加します。

```
# dns server select 500001 pp 1 any . restrict pp 1
# dns server select 500002 pp 2 any . restrict pp 2
```

　pp 1がダウンすると、pp 2側のDNSサーバー(ISP2からPPPoEで自動取得したDNSサーバーのIPアドレス)に問い合わせを行います。500001と500002は数字が小さい方が優先されます。ただし、restrict pp 1が設定されていると、pp 1がアップの時だけ500001のDNSサーバーが利用されます。このため、pp 1がダウンするとpp 2側のDNSサーバーが利用されます。anyは、DNSのすべての問い合わせに対し、この設定を反映するという意味です。

3.3.8 ヤマハルーターでの VRRP の設定

ルーターの機能

2章では、L3 スイッチでの VRRP の設定について説明しましたが、ここではヤマハルーターで VRRP を使う時の設定を説明します。

前提とするネットワークは、以下のとおりです。

■ヤマハルーターのVRRP設定を説明するためのネットワーク

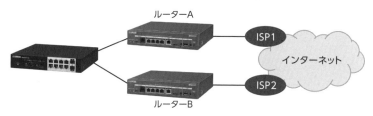

マスタールーター
仮想IPアドレス:172.16.20.1/24

アクセス回線は必ず2つ必要です。これまで説明した経路の切り替え方法と比べて、ルーター自体の障害でも切り替えられるのが特徴です。

これを実現するための、ルーター A での VRRP 関連の設定は以下のとおりです。

```
# ip lan1 vrrp 1 172.16.20.1 priority=120    ①
# ip lan1 vrrp shutdown trigger 1 pp 1       ②
```

①**ip lan1 vrrp 1 172.16.20.1 priority=120**

vrrpに続く1は、VRIDです。172.16.20.1 は、仮想 IP アドレスです。priority は優先度です。

②**ip lan1 vrrp shutdown trigger 1 pp 1**

triggerに続く1は、VRIDです。この設定により、pp 1 がダウンすると、マスタールーターではなくなります。

■アクセス回線側がダウンした時もマスタールーターを切り替える

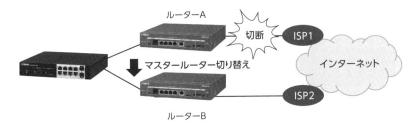

ルーターA

切断 ISP1

インターネット

マスタールーター切り替え

ISP2

ルーターB

　これは、ISP1との接続がダウンしてもルーターAがマスタールーターのままでいると、インターネットと通信できないためです（VRRPパケットは、LANスイッチ側で送信されます。このため、②の設定がないとISP1との回線が切断されてもマスタールーターは切り替わりません）。

　ルーターBの設定は、以下のとおりです。

```
# ip lan1 vrrp 1 172.16.20.1
```

　VRIDと仮想IPアドレスを設定していますが、優先度は設定していません。優先度のデフォルトは100なので、ルーターA側がマスタールーターになります。

　VRRPの状態は、show status vrrp コマンドで確認できます。以下は、ルーターBの表示結果です。

```
# show status vrrp
 LAN1 ID:1  仮想IPアドレス: 172.16.20.1
  現在のマスター: 172.16.20.2 優先度: 120
     自分の状態: Backup / 優先度: 100  Preempt  認証: NONE  タイマ: 1
#
# show status vrrp
 LAN1 ID:1  仮想IPアドレス: 172.16.20.1
  現在のマスター: 172.16.20.3 優先度: 100
     自分の状態: Master / 優先度: 100  Preempt  認証: NONE  タイマ: 1
```

最初の show status vrrp の表示は、正常時の結果です。自分の状態が Backup になっています。次の show status vrrp の表示は、ルーター A で ISP1 との接続を切断させた時の結果です。自分の状態が Master になっています。また、現在のマスターの IP アドレスも、172.16.20.2 から 172.16.20.3 に変更になっているのが確認できます。

DNS に関しては、ルーター A の時は ISP1 から取得したもの、ルーター B に切り替わった後は ISP2 から取得したものを利用することになります。これは、VRRP の利用とは関係なく、それぞれのルーターが PPPoE で接続した時に各 ISP から自動で取得したものを使うためです。

3.3 インターネット接続関連技術　まとめ

- IP アドレスの変換方法には、静的 NAT、動的 NAT、静的 IP マスカレード、動的 IP マスカレード、Twice NAT がある。
- ネットワークバックアップでは監視先を設定し、静的ルーティングで 2 つのゲートウェイを設定する。
- フローティングスタティックでは、動的ルーティングの優先度を静的ルーティングより高くして、動的ルーティング側がルーティングテーブルに反映されるように設定する。
- ヤマハルーターで VRRP を使って ISP を切り替える場合、pp インターフェースがダウンした時でも、マスタールーターでなくなるよう設定する。

3.4 QoS

ネットワークでは、多数の通信が同じ通信路上に同居しています。もし、1つの通信が大量のデータを流すと、他の通信が途切れたりして業務に支障をきたす可能性があります。このため、重要な通信は優先したり、それ以外は一度に流せるデータ量を抑えたりすることも必要です。

本項では、それを実現するQoS（Quality of Service）について説明するとともに、設定方法も説明します。

3.4.1 QoSの機能説明

QoSは、音声や動画などのサービスが途切れたりしないように、通信の品質を確保する技術です。

音声は、最近では電話で話す時もVoIP（Voice of IP）といって、IPパケット化されて通信することも多くなってきました。VoIPは、遅延に厳しい通信です。少しの遅延で、相手の会話が返ってくるのが遅く感じたり、無音になったりします。このようにならないようにするのが、QoSの役割です。

QoSには、以下2種類の制御方法があります。

帯域制御

ファイルサーバーとの通信で大量のデータ転送がある場合、他の通信を圧迫しないように使える帯域（通信速度）を100Mbpsに制限するなどができます。また、最低10Mbps確保するといった帯域保障（速度保障）できる装置もあります。

■帯域制御のしくみ

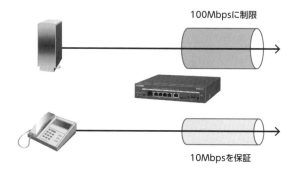

優先制御

VoIP などの遅延に厳しい通信を、先に送信する制御方法です。

■優先制御のしくみ

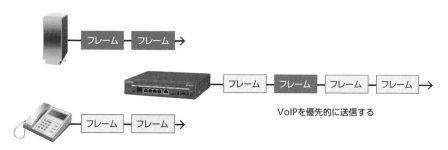

ルーターや LAN スイッチには、受信したデータを送信する前に溜めておくキューが
あります。QoS を利用しない場合、FIFO（First In First Out）といって、先に受信した
ものから先に送信していきます。キューがデータで一杯の時に受信すると、データが
破棄されます。

■キューとFIFO

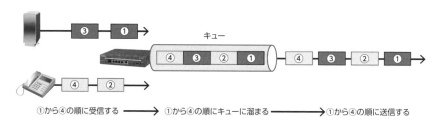

Qosを利用した場合、複数のキューにデータを溜めて、データを送信する順番を変えることで帯域制御したり、優先制御したりします。

どちらの制御方法でも、以下の順番に処理が行われます。

■QoSの処理順序

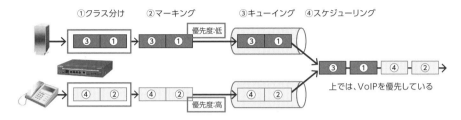

それぞれの説明は、以下のとおりです。

① クラス分け

　受信したデータを、設定された内容に従って分類します。例えば、送信先 IP アドレスが172.16.10.2 であればクラス 1 に分類するなどです。

② マーキング

　クラス分けしたフレームに、優先度を付与します。

③ キューイング

　マーキングの優先度に従って、対応するキューに溜めていきます。

④ スケジューリング

　キューに溜めたフレームの送信順序を決めて、送り出します。この時、優先度が高いキューから優先的に送信されます。

クラス分けでは、以下の情報を使って分類ができます。

■クラス分けで使われる情報(例)

情報	説明
IP アドレス	送信元や宛先の IP アドレス
VLAN ID	VLAN 番号
CoS 値	フレーム中にある優先度を示す情報
Precedence 値	IP ヘッダーにあるパケットの優先度を示す情報
DSCP 値	IP ヘッダーにあるパケットの優先度と破棄率を示す情報

CoS (Class of Service) も、Precedence も、DSCP (Differentiated Services Code Point) も、その通信がどれほど重要で優先されるべきかを示す印として、マーキングで使われます。そのマーキングを見て、次に受信したルーターや LAN スイッチも優先度を決めます。

CoS は、フレームヘッダーにある 32bit のタグフィールドの内、3bit を使います。Precedence は、IP ヘッダーにある 8bit の Tos (Type of Service) フィールドの内、3bit を使います。どちらも 3bit なので、8 段階の優先度を示せます。

DSCP は、Precedence の 3bit を 6bit に拡張して、拡張した 3bit で破棄率も示せるようにしています。例えば、キューにデータが溜まってくると、キューが一杯になる前に破棄率が高いデータが先に破棄され始めます。これは、破棄率が低いデータが破棄されないようにするため、早めに破棄を始めるということです。

3.4.2　ヤマハルーターでの帯域制御の設定

ルーターの機能

ヤマハルーターでの帯域制御の設定方法を説明します。
前提とするネットワークは、以下のとおりです。

■ヤマハルーターで帯域制御の設定を説明するためのネットワーク構成

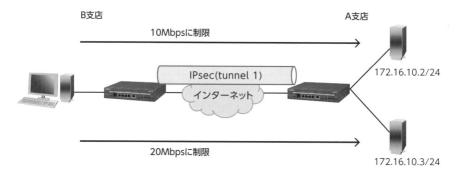

B 支店から 172.16.10.2 への通信を 10Mbps、172.16.10.3 への通信を 20Mbps に制限したいとします。その時の B 支店のルーターの設定は、以下のとおりです。

```
# queue lan2 type shaping                            ①
# queue class filter 1 1 ip * 172.16.10.2      ⎫
# queue class filter 2 3 ip * 172.16.10.3      ⎬ ②
# queue lan2 class property 1 bandwidth=10m    ⎫
# queue lan2 class property 3 bandwidth=20m    ⎬ ③
# tunnel select 1
tunnel1# queue tunnel class filter list 1 2         ④
```

① queue lan2 type shaping
制御方法を帯域制御に設定しています。

② queue class filter 1 1 ip * 172.16.10.2
queue class filter 2 3 ip * 172.16.10.3
172.16.10.2 宛ての通信をクラス 1 に、172.16.10.3 宛ての通信をクラス 3 に分類しています。最初の 1 と 2 が識別番号で、次の 1 と 3 がクラスを示しています。この設定に該当しない通信は、デフォルトではクラス 2 に分類されます。

③ queue lan2 class property 1 bandwidth=10m
queue lan2 class property 3 bandwidth=20m
クラス 1 に 10Mbps、クラス 3 に 20Mbps の帯域制限を設定しています。bandwidth=10m,20m とカンマ (,) で区切って 2 つ帯域を記載すると、10Mbps の帯域保障をして 20Mbps に帯域制限する設定になります。

④ queue tunnel class filter list 1 2
識別番号の 1 と 2 を指定して、tunnel 1 に対して帯域制御を有効にしています。

②のクラス分け方法の例として、以下の設定ができます。

    a) queue class filter 識別番号 クラス ip 送信元 IP アドレス [宛先 IP アドレス [プロトコル [送信元ポート番号 [宛先ポート番号]]]]

    b) queue class filter 識別番号 precedence ip 送信元 IP アドレス [宛先 IP アドレス [プロトコル [送信元ポート番号 [宛先ポート番号]]]]

[ ] 内は、オプションです。* を指定すると、すべてという意味になります。例えば、送信元 IP アドレスで * を指定すると、送信元に限らず適用するという意味になります。先ほどの設定の②では、**a)** の指定方法を使って設定しています。

b) では、クラスを指定する部分がありませんが、IP ヘッダーの Precedence 値によってルーターが以下の適切なクラスに自動で分類してくれます。

■Precedence値によるクラス分け

Precedence 値	クラス	意味
0	1	ベストエフォート
1	2	低優先
2	3	中低優先
3	4	中高優先
4	5	高優先
5	6	絶対優先
6	7	インターネット制御
7	8	ネットワーク制御

　クラス分けされた後、帯域制御の場合は設定した帯域の範囲で各クラスに対応するキューからラウンドロビン（順番）で送信します。つまり、今回の設定例ではクラス1のキューは10Mbps、クラス3のキューは20Mbpsを超えないように、スケジューリングされて送信されます。

　なお、戻りパケットも帯域制御したい場合は、A支店側のルーターでも同様の設定が必要です。

3.4.3　ヤマハルーターでの優先制御の設定

ヤマハルーターでの優先制御の設定方法を説明します。
前提とするネットワークは、以下のとおりです。

■ヤマハルーターで優先制御の設定を説明するためのネットワーク構成

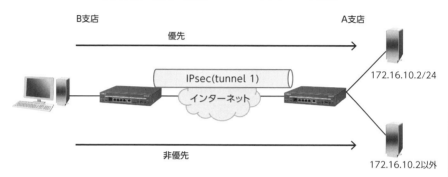

　B支店からの172.16.10.2への通信を他の通信より優先したいとします。その時の設定は、以下のとおりです。

```
# queue lan2 type priority                       ①
# queue class filter 1 3 ip * 172.16.10.2
# queue class filter 2 precedence ip *           ②
# tunnel select 1
tunnel1# queue tunnel class filter list 1 2
```

①queue lan2 type priority
　　制御方法を優先制御に設定しています。

②queue class filter 2 precedence ip *
　　Precedenceの値に従って、適切なクラスに分類されるよう設定しています。

　この設定によって、172.16.10.2宛ての通信はクラス3に分類されます。帯域制御ではクラスに対応するキューのデータはラウンドロビンで送信されましたが、優先制御ではクラスの数字が大きいキューにデータがなくなると、次に大きな数字のキューが送信されるという処理がされます。つまり、クラスの数字が大きなキューが優先され、そのデータがなくなるまでクラスの数字が小さなキューからは送信しないということです。

■ルーターでの優先制御時のデータ処理方法

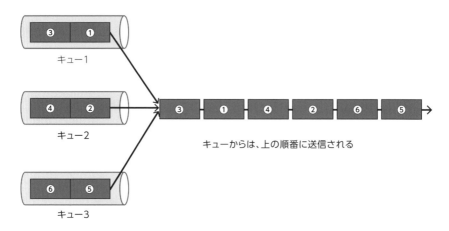

キュー1

キュー2

キューからは、上の順番に送信される

キュー3

②の設定があるため、他の通信はPrecedenceの値によって適切なクラスに分類されます。通常、優先度を意識しない通信は、Precedenceに0が設定されて送信されるため、クラス1に分類されます。クラス1に分類された通信は、クラス3に分類される172.16.10.2宛ての通信がなくなるまで送信されません。

このため、膨大な通信量となるものを高いクラスに分類すると、他の通信がほとんどできなくなります。一般的には、通信量が少なくて優先すべき通信(VoIPなど)を高いクラスに分類します。

なお、戻りパケットも優先制御したい場合は、A支店側のルーターでも同様の設定が必要です。

3.4.4　ヤマハルーターでの QoS の状態表示

　QoSが有効な時、どのクラス (キュー) が使われているのか確認する際は、show status qos all コマンドが使えます。

```
# show status qos all
LAN2
キューイングタイプ :                shaping
インタフェース速度 :               1g
[ 帯域 ]
クラス    設定帯域                     使用帯域（%）     ピーク   記録日時
------- --------------------------- ----------- ------ -------------------
   1     10m                         1.10k (< 1%)  1.10k  2022/05/05 14:03:01
   2     -                           396   (< 1%)   564   2022/05/05 14:02:11
   3     20m                           0   (  0%)     0   ----/--/-- --:--:--
------- --------------------------- ----------- ------ -------------------
クラス数 :                          3
保証帯域合計 :                      30m
[ キュー長 ]
クラス    上限    エンキュー回数      デキュー        現在   ピーク   記録日時
                  成功  /  失敗        回数
------ ----- ----------------- ---------- ----- ----- -------------------
   1     200         16/      0          16     0     1   2022/05/05 14:03:01
   2     200         28/      0          28     0     1   2022/05/05 14:03:03
   3     200          0/      0           0     0     0   ----/--/-- --:--:--
------ ----- ----------------- ---------- ----- ----- -------------------
[Dynamic Class Control]
    Dynamic Class Control 機能は停止しています
```

　クラス 1 が10Mbps、クラス 3 が20Mbpsに制限されていること、エンキュー回数でどのクラスのキューが使われたのかがわかります。エンキューがキューへの入力、デキューがキューからの送信です。

3.4.5 ヤマハ LAN スイッチでの帯域制御の設定

LAN スイッチの機能

ヤマハ LAN スイッチで QoS を利用する時は、通信をクラス分けするためにクラスマップを作成し、そのクラスマップに一致するとどのような処理をするのかをポリシーマップで定義します。このポリシーマップをポートに適用することで、指定した処理を行うことができます。

■クラスマップとポリシーマップ

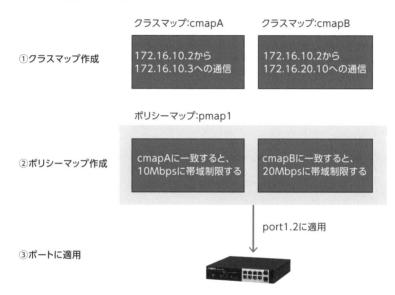

これを念頭に、ヤマハ LAN スイッチでの帯域制御の設定を説明します。
前提とするネットワークは、以下のとおりです。

■ヤマハLANスイッチで帯域制御の設定を説明するためのネットワーク構成

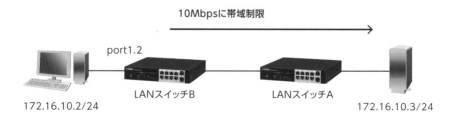

パソコンからファイルサーバーへの通信を、10Mbpsに制限したいとします。
その時のLANスイッチBでの設定は、以下のとおりです。

```
SWX3100(config)# qos enable                                              ①
SWX3100(config)# access-list 1 permit any host 172.16.10.2 host 172.1
6.10.3                                                                   ②
SWX3100(config)# class-map cmapA                                         ③
SWX3100(config-cmap)# match access-list 1                               ④
SWX3100(config-cmap)# exit
SWX3100(config)# policy-map pmap1                                        ⑤
SWX3100(config-pmap)# class cmapA                                        ⑥
SWX3100(config-pmap-c)# police single-rate 10000 64 11 yellow-action
drop red-action drop                                                    ⑦
SWX3100(config-pmap-c)# exit
SWX3100(config-pmap)# exit
SWX3100(config)# interface port1.2
SWX3100(config-if)# service-policy input pmap1                           ⑧
```

① **qos enable**

QoSを有効にしています。デフォルトは、無効です。

② **access-list 1 permit any host 172.16.10.2 host 172.16.10.3**

アクセスリストの番号を1として、172.16.10.2から172.16.10.3への通信を対象に
しています。この指定方法は、353ページで説明します。

③ **class-map cmapA**

クラスマップとして cmapA を作成しています。

④ **match access-list 1**

cmapAの一致条件は、②で設定したアクセスリストの1番であることを設定してい
ます。つまり、172.16.10.2から172.16.10.3への通信を対象にしたクラスが作成さ
れたことになります。

⑤ **policy-map pmap1**

ポリシーマップとして、pmap1 を作成してます。

⑥ **class cmapA**

pmap1 の中で、cmapAのクラスマップを適用してクラス分けすることを設定して
います。つまり、172.16.10.2から172.16.10.3への通信がクラス分けの対象になり
ます。③の設定と同じに思えるかもしれませんが、③の設定はクラスを作る時の設
定です。この⑥では、作成したクラスをポリシーマップに適用する設定になります。
複数の(SWX3100-10GとSWX3220-16MTでは8つまでの)クラスマップを適用
して、クラスマップごとに処理を設定(⑦のような設定が)できます。

⑦ **police single-rate 10000 64 11 yellow-action drop red-action drop**

cmapAでクラス分けされた通信は、10Mbps (10000kbps) に帯域制限する設定をしています。64 はしきい値 1 で、一時的なバースト (大量送信) 許容量が64kbyteであることを示し、これを超えると yellow-action で指定した処理 (この例では drop: 破棄) が行われます。11 はしきい値 2 で、さらにプラスでバーストが 11kbyte を超えると red-acion で指定した処理が行われます。

⑧ **service-policy input pmap1**

port1.2 に対して、ポリシーマップの pmap1 を適用しています。

⑦の設定について、補足します。この設定例では、一時的なバースト転送許容量として64kbyteを用意しています。この領域をバケットと呼びます。バケットには、定期的に (制限する帯域に応じて) トークンというものが溜められていき、バケットにトークンがある内は IP パケット (バケットと表示が似ているので区別するため、ここでは IP パケットと表現します) の転送が可能です。これを、トークンバケットアルゴリズムと言います。

■ トークンバケットアルゴリズム

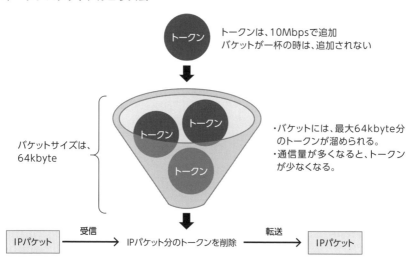

トークンがバケット一杯に溜まっている場合、10Mbpsを超える（バースト）通信があったとしても、バケット内にトークンがある限り、IPパケットは転送されます。つまり、少しの間は10Mbpsを超える通信が可能ということです。しかし、トークンが足りなくなると、IPパケットは転送できなくなります。

　転送できなかったIPパケットは、11kbyteをバケットサイズとして再度トークンバケットアルゴリズムによって、転送可能かが判定されます。

　トークンバケットアルゴリズムによる判定の結果、トークンが十分ある状態や、一時的なバーストが発生した状態などで、次の帯域クラスに分けられます。

■ 帯域クラス

帯域クラス	意味
Green	バケットにIPパケットを転送するためのトークンがある状態
Yellow	バケットにIPパケットを転送するためのトークンがない状態
Red	再度、しきい値2をバケットサイズとして判定したが、それでもバケットにIPパケットを転送するためのトークンがない状態

　帯域クラスがYellowと判定されると、yellow-actionで設定した処理がされます。Redの場合は、red-actionで設定した処理がされます。

　今回は、どちらもdropに設定していますが、transmitにして転送したり、remarkにしてDSCPなどの値を変えたりもできます。

　受信したIPパケットが、どのくらい各帯域クラスで処理されたのか確認する時は、show qos metering-counters コマンドを使います。

```
SWX3100# show qos metering-counters
Interface: port1.1
 (no policy input)

Interface: port1.2(pmap1)

  ***** Individual *****
  Class-map       : cmapA
     Green Bytes  : 3896
     Yellow Bytes : 1024
     Red Bytes    : 5184
・・・
```
※以下、すべてのポート分表示

さきほどの設定どおりだと、Yellowや Redに振り分けられた IP パケットは、すべて破棄されます。この例だと、Yellow (2 つ目のパケットにトークンがあった)に 1024Byte、Red (2 つめのパケットにトークンがなかった)に 5184Byteなど振り分けられていて、かなり破棄されていることがわかります。

これらの動作は、以下のように呼ばれます。

■ ポリサーの動作

動作	説明
メータリング	トークンバケットアルゴリズムによって、帯域クラスに分類します。
ポリシング	分類された帯域クラスに従って、必要であれば破棄 (drop) します。
リマーキング	分類された帯域クラスに従って、必要であれば CoS、Precedence、DSCP の値を書き換えます (remark)。

この一連の動作をポリサーと呼び、⑦の設定が該当します。⑦の設定で、`police twin-rate 20000 30000 64 11 yellow-action drop red-action drop`と設定すると、20Mbpsの帯域保障を行い、30Mbpsに帯域を制限することができます。`single-rate` キーワードではなく、`twin-rate` キーワードを使うことで、2 つの帯域が指定できるようになるということです。

3.4.6　ヤマハ LAN スイッチでの優先制御の設定

LAN スイッチの機能

ヤマハ LAN スイッチでの優先制御の設定方法を説明します。

前提とするネットワークは、以下のとおりです。

■ ヤマハLANスイッチで優先制御の設定を説明するためのネットワーク構成

電話による VoIP を、他の通信より優先したいとします。その時の LAN スイッチ B の設定は、以下のとおりです。

```
SWX3100(config)# qos enable
SWX3100(config)# access-list 1 permit any host 172.16.10.2 host
172.16.10.3
SWX3100(config)# class-map cmapA
SWX3100(config-cmap)# match access-list 1
SWX3100(config-cmap)# exit
SWX3100(config)# policy-map pmap1
SWX3100(config-pmap)# class cmapA
SWX3100(config-pmap-c)# set ip-dscp 46               ①
SWX3100(config-pmap-c)# exit
SWX3100(config-pmap)# exit
SWX3100(config)# interface port1.2
SWX3100(config-if)# service-policy input pmap1
```

帯域制御の設定と違う部分だけ説明します。

① set ip-dscp 46

cmapA のクラスマップに一致した場合、DSCP の値を 46 にマーキングしています。これで、DSCP46 に対応するキューに割り当てられます。

ヤマハ LAN スイッチでは、CoS や Precedence、DSCP の値によって、自動で 0 から 7 のキューに振り分けられます。

■ CoS、Precedence、DSCP によって振り分けられるキュー

CoS	Precedence	DSCP	キュー
0	0	0~7	2
1	1	8~15	0
2	2	16~23	1
3	3	24~31	3
4	4	32~39	4
5	5	40~47	5
6	6	48~55	6
7	7	56~63	7

例えば、CoSが1であればキュー0に振り分けられます。

DSCPの値として8〜15などとありますが、8は6bitで表すと001000になります。この上位3bitを抜き出すと001なので、これがPrecedenceの1に対応しています。同様に、DSCPの16がPrecedenceの2に対応しています。このように、DSCPの0、8、16、24、32、40、48、56がPrecedenceの0から7に対応していて、優先度だけを示します。その間の数が破棄率を示し、高い数字ほど破棄率が高くなります。

デフォルトでは、番号が大きなキューが絶対優先(Strict)になっていて、そのデータがなくなるまで番号の小さなキューからは送信しません。

以下は、マーキングしたり、キューの振り分けを決めたりするコマンドです。

■ マーキングやキューの振り分けを決めるコマンド

分類	コマンド	説明
①	set cos 値	CoS でマーキングします。
	set ip-precedence 値	Precedence でマーキングします。
	set ip-dscp 値	DSCP でマーキングします (先ほど説明したコマンド)。
②	set cos-queue 値	指定した CoS に対応するキューを使います。
	set ip-dscp-queue 値	指定した DSCP に対応するキューを使います。

　分類の①に該当するコマンドは、プレマーキングと呼ばれるものです。実際に、CoSなどでマーキングするため、他のLANスイッチでもその値を信頼して優先制御できます。

　分類の②に該当するコマンドは、マーキングは行いません。設定した値に対応するキューに分類するだけです。つまり、自身が使うキューを変更できますが、マーキング自体は変更しないということです。このため、他のLANスイッチでの優先制御に影響を与えたくないが、自身だけは優先度を変えたい時に使います。

　送信時にどのキューが使われているかは、show qos queue-counters コマンドで確認できます。

```
SWX3100# show qos queue-counters
QoS: Enable
Interface port1.1 Queue Counters:
  Queue 0         0.0 %
  Queue 1         0.0 %
  Queue 2        52.0 %
  Queue 3         0.0 %
  Queue 4         0.0 %
  Queue 5        24.0 %
  Queue 6         0.0 %
  Queue 7         0.0 %

Interface port1.2 Queue Counters:
  Queue 0         0.0 %
  Queue 1         0.0 %
  Queue 2         0.0 %
  Queue 3         0.0 %
  Queue 4         0.0 %
  Queue 5         0.0 %
  Queue 6         0.0 %
  Queue 7         0.0 %
・・・
```

※以下、各ポートごとに表示

　先ほどの設定で、port1.1 を LAN スイッチ A に接続して採取したものです。つまり、port1.2 で受信して、port1.1 のキューから送信される時、どのキューが使われているかを表示しています。

　通常の (DSCPが0の) 通信は、キュー2で送信されます。172.16.10.2 から 172.16.10.3 への通信は、キュー5 で送信されます。

　それぞれのキューで使用率が表示されていますが、その瞬間の使用率です。このため、通信量が少ないとすぐにキューからなくなってしまうため、すべて 0.0% で表示されます。

　絶対優先ではなくて WRR (Weighted Round Robin) といって、以下のように設定すると重み付けによって送信順序を変えることもできます。

```
SWX3100(config)# qos wrr-weight 0 1
SWX3100(config)# qos wrr-weight 1 2
```

最初の番号の0と1が、キューの番号です。後の1と2が重みです。これによって、キュー0とキュー1は1:2の割合で送信されます。つまり、キュー1が空になっていなくても、キュー0からも送信が行われます。

もし、LANスイッチ自体でDSCPをマーキングするのではなく、受信パケットですでにマーキングされたDSCP (今回の例では電話機から送信されたVoIPパケットですでにDSCP46がセットされている)によって優先制御したい場合は、以下の設定だけですみます (クラスマップやポリシーマップの設定は不要です)。

```
SWX3100(config)# qos enable
SWX3100(config)# interface port1.2
SWX3100(config-if)# qos trust dscp
```

qos trust dscpは、受信したパケットのDSCPを信頼する設定です。このため、受信パケットのDSCPの値によって、221ページで示した対応するキューに振り分けられ、番号が大きなキューが絶対優先で送信されます。つまり、今回の例で説明すると、電話機からのVoIPでDSCP46がセットされていればキュー5に割り振られ、キュー0から4より優先されるということです。

CoS、Precedence、DSCPのうち、何を信頼するかはトラストモードと呼ばれます。トラストモードのデフォルトは、qos trust cosなので、CoSを信頼してキューに割り振ります。このため、2章で説明したネットワークであれば、フロアスイッチでCoSのマーキングをすれば (221ページの①でset ip-dscp 46の代わりにset cos 5を設定)、他のコアスイッチやフロアスイッチではCoSを信頼して優先制御します。

■スター型ネットワークでの優先制御

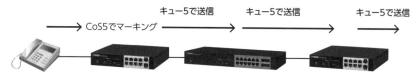

キュー5で送信　　　キュー5で送信　　　キュー5で送信

CoS5でマーキング

qos trust cosがデフォルト　　qos trust cosがデフォルト
なので、CoS5を信頼　　　　　なので、CoS5を信頼

この場合、コアスイッチや他のフロアスイッチは qos enable コマンドで QoS を有効にするだけです。つまり、ほとんど設定なしにネットワーク全体で優先制御が行えます。

ネットワーク全体で見た場合、1 台の LAN スイッチで優先したとしても、他の LAN スイッチで優先されなければ、結局遅延が大きくなってしまいます。そうならないようにするのが、DSCP などの値です。

LAN スイッチが DSCP などの値を信頼して優先することで、ネットワーク全体 (すべての LAN スイッチ) で同じように優先させることができます。

3.4 QoS まとめ

- QoS では、帯域制御と優先制御の方法がある。
- QoS では、クラス分け、マーキング、キューイング、スケジューリングの順に処理が行われる。
- マーキングには、CoS、Precedence、DSCP がある。
- ヤマハ LAN スイッチでは、クラスマップによってクラス分けする条件を定義し、ポリシーマップによってクラスマップに一致した時の処理を定義する。
- ポリサーによって、メータリング、ポリシング、リマーキングを行う。

3.5 無線 LAN 関連技術

　ここでは、2章で説明しきれなかった無線 LAN 関連の技術と設定方法について説明します。

3.5.1 LAN - 無線連動機能の説明

無線 LAN アクセスポイントの機能

　LAN-無線連動機能は、有線 LAN が使えなくなった時、無線 LAN 側も使えなくする機能です。

　LAN-無線連動機能を有効にすると、無線 LAN アクセスポイントで設定した IP アドレスに対し、ICMP Echo で監視をします。この応答がなかった場合は、無線 LAN で接続しているパソコンなどをすべて切断します。

■ **LAN-無線連動機能のしくみ**

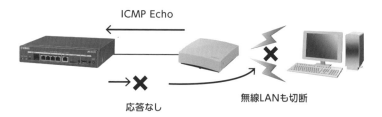

　このメリットは、近くに他の無線 LAN アクセスポイントがあった場合、そちらに自動で接続が切り替えられる点です。

■LAN-無線連動機能のメリット

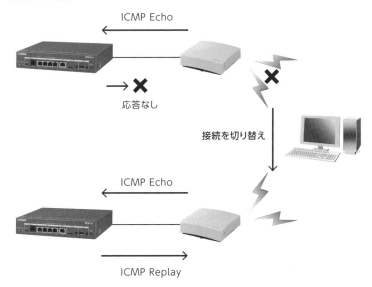

これは、Windows 11であれば無線を接続する時に、SSIDを選択した後に「自動的に接続」をチェックしていれば切り替えられます。無線LANが切断されたことを検知して、同じSSIDを持つ他の無線LANアクセスポイントに自動で接続が行われるためです。このため、有線LANが使えない(通信ができない)まま無線LANを有効にしておくのではなく、無効にすることで(通信ができる方へ)切り替えが行われるようにするのがLAN-無線連動機能のメリットです。

有線LAN側でICMP Echoの応答が復旧した場合、自動で無線LAN側も使えるように戻ります。

3.5.2　LAN-無線連動機能の設定

無線 LAN アクセスポイントの機能

　LAN-無線連動機能は、仮想コントローラーの「無線設定」→「共通」→「LAN-無線 連動機能」で行えます。

■「LAN-無線 連動機能」画面

　それぞれの項目の意味は、以下です。

■「LAN-無線 連動機能」の設定項目

項目	説明
LAN-無線 連動機能	「使用する」を選択します。
ICMP Echo 送信先	監視先の設定です。IP アドレスを直接設定するか、デフォルトゲートウェイを選択します。
ICMP Echo 送信間隔	ICMP Echo の送信間隔を秒単位で設定します。
障害と判断する連続失敗回数	ICMP Echo で何回応答がないと、無線 LAN 側を切断するかを指定します。
SYSLOG 出力	SYSLOG に出力するかを選択します。

「設定」ボタンをクリックした後は、設定送信で設定を反映させる必要があります。

　ICMP Echoの応答監視タイマーは3秒（ICMP Echoを送信して3秒応答がないと失敗と見なす）ですが、送信間隔が3秒未満の時は、送信間隔が応答監視タイマーになります。応答監視タイマー内に応答がなく、これが連続失敗回数で設定した回数になると、障害と判断して無線LAN側を切断します。

　その時は、装置のLED（装置上面の中央あたりのWLANインジケーター）が500ms間隔で点滅します。

3.5　無線LAN関連技術　まとめ

- LAN-無線連動機能は、有線LAN側へのICMP Echoで応答がない時に、無線LAN側を切断する機能である。
- 無線LANが切断された場合、パソコンで「自動的に接続」をチェックしていれば、他の無線LANアクセスポイントに自動で接続ができる。

3章のチェックポイント

問1 ヤマハルーターで、**LAN** 側に複数のサブネットを作れる機能は何ですか？

- **a)** LAN 分割機能
- **b)** ポート分離機能
- **c)** マルチプル VLAN 機能
- **d)** NAT 機能

問2 **Twice NAT** では、パケットの送信時と受信時に、それぞれどのような変換が行われますか？

- **a)** 送受信時に宛先アドレスだけを変換する。
- **b)** 送受信時に送信元アドレスだけを変換する。
- **c)** 送受信時に宛先と送信元アドレス両方を変換する。
- **d)** 送信時は送信元アドレス、受信時は宛先アドレスを変換する。

解答

問1 正解は、**a)** です。

b) は、ポート間の通信を制限しますが、サブネットを分けることはできません。**c)** は、LAN スイッチの機能です。**d)** は、アドレスを変換する機能です。

問2 正解は、**c)** です。

Twice NAT は、宛先と送信元を一度に変換するのが特徴です。

4 章

ネットワーク
運用管理

ネットワークの運用管理とは、ネットワークを構築した後の運用中、通信にトラブルがないか監視したり、設定変更したり、ネットワークの稼働状態をチェックしたりすることです。4 章では、ネットワーク運用管理関連の機能と設定について説明します。

4.1 SNMPの設定

SNMPは、79ページ「1.8.1 SNMP」で説明したように機器の管理・監視を行うプロトコルです。

本章では、ヤマハルーター、LANスイッチ、無線LANアクセスポイントでのSNMP設定方法について説明します。

4.1.1 ヤマハルーターのSNMP設定

SNMPでは、v1からv3までのバージョンがあります。次からは、バージョン別にルーターの設定を説明します。

SNMPv1の設定

SNMPv1の設定例は、以下のとおりです。

```
# snmp host 172.16.10.2                    ①
# snmp community read-only snmpread        ②
# snmp trap host 172.16.10.2               ③
# snmp trap community snmptrap             ④
```

① snmp host 172.16.10.2

172.16.10.2からMIBへのアクセスを許可しています。

② snmp community read-only snmpread

MIBへのReadのみを許可し、そのコミュニティ名をsnmpreadに設定しています。

③ snmp trap host 172.16.10.2

TRAP送信先を、172.16.10.2に設定しています。

④ snmp trap community snmptrap

TRAPを送信する時のコミュニティ名をsnmptrapに設定しています。

上記により172.16.10.2のSNMPマネージャーから、MIBの値を取得できます。そ

の時、SNMP マネージャーでもコミュニティ名を snmpread に設定しておく必要があります。もし、書き換え (Write) も可能にしたい場合、read-only キーワードではなく read-write キーワードを使って、コミュニティ名を設定します。

また、TRAP が発生した時に 172.16.10.2 の SNMP マネージャーに送信します。TRAP を受信する SNMP マネージャーでは、TRAP のコミュニティ名を snmptrap にしておけば、TRAP を受信します。

SNMPv2c の設定

SNMPv2c の設定例は、以下のとおりです。

```
# snmpv2c host 172.16.10.2
# snmpv2c community read-only snmpread
# snmpv2c trap host 172.16.10.2 inform          ①
# snmpv2c trap community snmptrap
```

コマンドの出だしが snmpv2c になっただけで、SNMPv1 の時と同じです。①は、通知に対して応答を求める Inform の設定です。デフォルトは trap で、応答を求めません。

SNMPv3 の設定

SNMPv3 の設定例は、以下のとおりです。

```
# snmpv3 engine id 1f2e3d                        ①
# snmpv3 usm user 1 user01 group 1 sha password01 aes128-cfb passwo
rd02                                             ②
# snmpv3 host 172.16.10.2 user 1                 ③
# snmpv3 vacm view 1 include 1.3.6.1             ④
# snmpv3 vacm access 1 read 1 write none         ⑤
# snmpv3 trap host 172.16.10.2 user 1            ⑥
```

① snmpv3 engine id 1f2e3d

SNMP エンティティを識別するエンジン ID を、1f2e3d に設定しています。16 進数で指定する必要があります。

② snmpv3 usm user 1 user01 group 1 sha password01 aes128-cfb password02

ユーザー名 user01 を作成し、認証時のパスワードを password01、暗号化時のパスワードを password02 に設定しています。認証アルゴリズムとして SHA、暗号アルゴリズムとして AES128 を設定しています。user の後の 1 は、ユーザーの

識別番号です。他のユーザーと重複しないように設定が必要です。groupの後の1は、グループを識別する番号です。この番号単位に、MIBへのアクセス可否を設定できます。

③ **snmpv3 host 172.16.10.2 user 1**

172.16.10.2からMIBへのアクセスを、user01(userの後の番号1)の場合に許可します。

④ **snmpv3 vacm view 1 include 1.3.6.1**

OID1.3.6.1配下のMIBをビューファミリ1と設定しています。ビューファミリとは、MIBの集合を1つの番号で表したものです。

⑤ **snmpv3 vacm access 1 read 1 write none**

グループを識別する番号1に所属するユーザー(accessの後の1が該当：今回はuser01が対象)であれば、ビューファミリ1(readの後の1が該当)のMIB取得(Read)を許可します。今回、書き換え(Write)はnoneにしていますが、ここにビューファミリの番号を指定すれば、ビューファミリに含まれるOIDへ書き換えも可能です。

⑥ **snmpv3 trap host 172.16.10.2 user 1**

TRAPを送信する時にuser01として、172.16.10.2に送信する設定をしています。userキーワードの前にinformを入れると、Informで送信されます。

SNMPv1とv2cでは、SNMPマネージャーのIPアドレスを設定して、コミュニティ名が一致すればMIBへのアクセスやTRAP送信が成功します。SNMPv3では、コミュニティ名を廃止してユーザーへアクセス権限を与えることで、MIBへのアクセスやTRAP送信を可能にしているのが設定からもわかると思います。

また、ビューファミリを作成し、指定したビューファミリだけアクセスを可能にしています。

■ **ビューファミリの作成例**

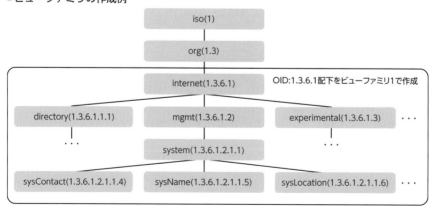

このように、ハッシュや暗号化ができるだけでなく、ユーザーやグループ、ビューファミリを作成して、アクセス権限を細かく指定できるのが SNMPv3 の特長です。

4.1.2　ヤマハ LAN スイッチの SNMP 設定

LAN スイッチでも、SNMPv1 から v3 までのバージョン別に設定を説明します

SNMPv1 の設定

SNMPv1 の設定例は、以下のとおりです。

```
SWX3100(config)# snmp-server community snmpread ro            ①
SWX3100(config)# snmp-server enable trap linkdown            ②
SWX3100(config)# snmp-server host 172.16.10.2 trap version 1 snmptrap
                                                             ③
```

① `snmp-server community snmpread ro`
コミュニティ名 snmpread であれば、MIB 取得を許可します。Write を許可する場合、ro ではなく rw で設定します。

② `snmp-server enable trap linkdown`
ポートがダウンした時に TRAP を送信する設定をしています。

③ `snmp-server host 172.16.10.2 trap version 1 snmptrap`
TRAP を送信する時のコミュニティ名を snmptrap にし、送信先を 172.16.10.2 に設定しています。

LAN スイッチは、デフォルトでは送信する TRAP が設定されていないため、②で送信する TRAP の種類を設定しています。この例では、linkdown を指定していますが、次の表の値が指定できます。

■ 指定できるTRAPの種類

TRAP	説明
coldstart	電源 OFF/ON、ファームウェア更新時
warmstart	reload コマンド実行時
linkdown	ポートがダウンした時
linkup	ポートがアップした時
authentication	認証失敗時
l2ms	L2MS のエージェント検出 / 喪失時
errdisable	ErrorDisable 検出 / 解除時
rmon	RMON イベント実行時
termmonitor	端末監視検知時
bridge	スパニングツリー ルート検出 / トポロジー変更時
vrrp	VRRP イベント実行時

　coldstart warmstartなど、スペースに続けて複数設定できて、すべて有効にすることもできます。

　パソコンなどを接続するフロアスイッチで、linkdownやlinkupを有効にすると、起動したりシャットダウンしたりするたびにTRAPが送信されるため、留意が必要です。

SNMPv2c の設定

　SNMPv2cの設定例は、以下のとおりです。

```
SWX3100(config)# snmp-server community snmpread ro
SWX3100(config)# snmp-server enable trap linkdown
SWX3100(config)# snmp-server host 172.16.10.2 informs version 2c snmp
trap                                                              ①
```

　基本的に、SNMPv1 の時と同じです。①では、versionを2cに指定しています。また、SNMPv2cではtrapではなくinformsを指定することで、Informによる通知が可能です。

SNMPv3 の設定

SNMPv3 の設定例は、以下のとおりです。

```
SWX3100(config)# snmp-server view mibview 1.3.6.1 include          ①
SWX3100(config)# snmp-server group group01 priv read mibview       ②
SWX3100(config)# snmp-server user user01 group01 auth sha password01
priv aes password02                                                ③
SWX3100(config)# snmp-server enable trap linkdown
SWX3100(config)# snmp-server host 172.16.10.2 informs version 3 priv
user01                                                             ④
```

① snmp-server view mibview 1.3.6.1 include

　OID1.3.6.1 配下の MIB をビュー名 mibview と設定しています。MIB ビューとは、MIB の集合を表したものです (ルーターではビューファミリと呼んで番号で設定しましたが、LAN スイッチでは MIB ビューと呼んで名前で設定)。

② snmp-server group group01 priv read mibview

　group01 に所属するユーザーは、認証と暗号化 (priv) で通信しているのであれば MIB ビュー mibview に対して MIB 取得 (Read) を許可します。もし、Write も許可した場合は、write mibview を最後に追加します。

③ snmp-server user user01 group01 auth sha password01 priv aes password02

　ユーザー名 user01 を作成し、認証時のパスワードを password01、暗号化時のパスワードを password02 に設定しています。認証アルゴリズムとして SHA、暗号アルゴリズムとして AES128 を設定しています。また、user01 はグループ名 group01 に所属する設定をしています。

④ snmp-server host 172.16.10.2 informs version 3 priv user01

　Inform で送信する時に user01 として、暗号化と認証の上 172.16.10.2 に送信する設定をしています。informs の代わりに trap も指定できます。

4.1.3　ヤマハ無線LANアクセスポイントのSNMP設定

　無線LANアクセスポイントでは、SNMPを「拡張機能」→「SNMP」で設定できます。次からは、SNMPv1からv3までのバージョン別に設定を説明します。

SNMPv1の設定

　SNMPv1の設定例は、以下のとおりです。

■無線LANアクセスポイントでのSNMPv1設定例

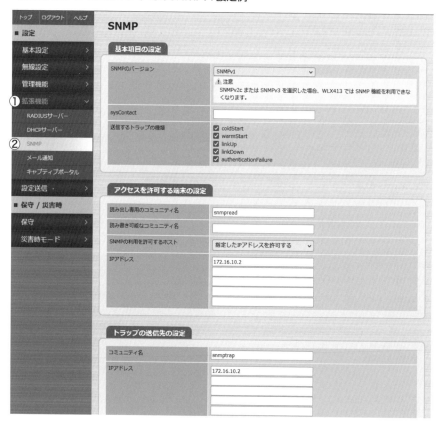

各項目の説明は、以下のとおりです。

■ 無線LANアクセスポイントでのSNMPv1設定項目

項目	説明
SNMP のバージョン	SNMPv1 を選択します。
sysContact	機器管理者の連絡先で、MIB で取得できる値です。省略可能です。
送信するトラップの種類	TRAP で送信するものにチェックを入れます。
読み出し専用のコミュニティ名	Read 時のコミュニティ名です。
読み書き可能なコミュニティ名	Write 可能なコミュニティ名です。
SNMP の利用を許可するホスト	「すべてを許可する」か「指定した IP アドレスを許可する」を選択できます。「指定した IP アドレスを許可する」を選択した時は、下で IP アドレスを入力します。
IP アドレス	「指定した IP アドレスを許可する」を選択した時に、MIB へのアクセスを許可する SNMP マネージャーの IP アドレスを入力します。
コミュニティ名	TRAP 送信時のコミュニティ名を入力します。
IP アドレス	TRAP 送信先の IP アドレスです。

送信するトラップの種類の意味は、以下のとおりです。

■ 無線LANアクセスポイントで送信するトラップの種類

トラップの種類	送信のタイミング
coldStart	電源投入による再起動時 ファームウェアリビジョンアップにより再起動したとき
warmStart	coldStart 以外の起動時
linkUp	ポートがアップした時
linkDown	ポートがダウンした時
authenticationFailure	認証失敗時

画面下にスクロールして、「設定」ボタンをクリックした後に設定送信します。

SNMPv2c の設定

SNMPv2cの設定例は、以下のとおりです。

■ 無線LANアクセスポイントでのSNMPv2c設定例

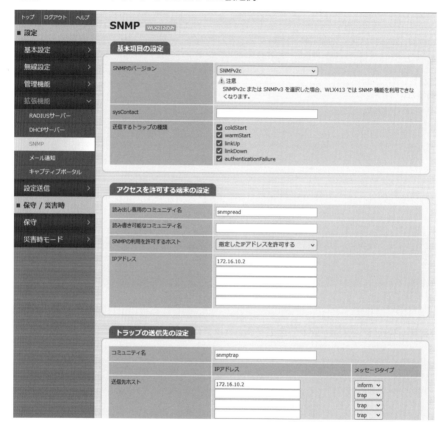

SNMPv1 とほとんど同じですが、以下が異なります。

■ 無線LANアクセスポイントでのSNMPv2c設定項目

項目	説明
SNMP のバージョン	SNMPv2c を選択します。
送信先ホスト	trap と inform が選択できます。

SNMPv3 の設定

SNMPv3 の設定例は、以下のとおりです。

■無線LANアクセスポイントでのSNMPv3設定例

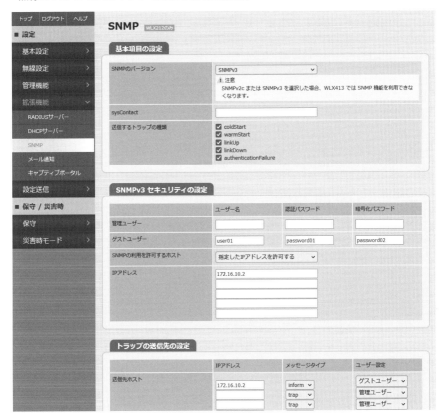

SNMPv3 で新たな設定内容の説明は、以下のとおりです。

■無線LANアクセスポイントでのSNMPv3設定項目

項目	説明
SNMP のバージョン	SNMPv3 を選択します。
管理ユーザー	MIB の Write が可能なユーザーです。
ゲストユーザー	MIB の Read が可能なユーザーです。ユーザー名を user01 にし、認証パスワードを password01、暗号化パスワードを password02 に設定しています。
送信先ホスト	TRAP や Inform で送信する時のユーザーを選択できます。

　無線 LAN アクセスポイントは VACM に対応していない (MIB ビューの設定がない) ため、設定したユーザーですべての MIB にアクセス可能です。

4.1 SNMPの設定　まとめ

- SNMPv1 と v2c は、Read 用のコミュニティ名と Write 用のコミュニティ名を設定し、MIBへのアクセス許可を行う。
- SNMPv3 は、ユーザーを作成して MIBへのアクセス許可を設定する。
- VACM に対応していれば、MIB ビュー (ビューファミリ) を作成して MIBへのアクセスを制限できる。

4.2 NTPの設定

NTPは、83ページ「1.8.4 NTP」で説明したように時刻同期を行うプロトコルです。

本章では、ヤマハルーター、LANスイッチ、無線LANアクセスポイントでのNTP設定方法について、説明します。

4.2.1 ヤマハルーターのNTP設定

ヤマハルーターでのNTPの設定は、以下のとおりです。

```
# timezone jst
# ntpdate ntp.nict.jp
```

上記で、タイムゾーンがJSTに設定されます。タイムゾーンは、デフォルトがJSTのため、設定は必須ではありません。また、ntpdate コマンドにより、ntp.nict.jp に1回だけ時刻同期します。FQDNの代わりに、IPアドレスでも設定できます。また、定期的に同期させるためには、schedule コマンドを使います。

```
# schedule at 1 */* 00:00:00 * ntpdate ntp.nict.jp
```

atに続く1は、スケジュール番号です。*/*は毎日を示します。日付を指定する時は、12/11など月/日で記述します。00:00:00は時間です。時:分:秒で記述します。ntpdate 以降は、指定した時刻に実行するコマンドです。上記は、毎日00時にNTPで時刻同期するようにしています。

日時の確認は、show environment コマンドで行えます。

ヤマハルーターは、SNTP（Simple Network Time Protocol）サーバー機能にも対応しています。SNTPとは、NTPの簡易版です。SNTPサーバーに同期することで、NTPほど正確ではないとは言え、時刻のズレを修正できます。SNTPサーバーの設定例は、以下のとおりです。

```
# sntpd service on
# sntpd host 172.16.10.1-172.16.10.255 172.16.20.1-172.16.20.255 172.
16.30.1-172.16.30.255 172.16.100.1-172.16.100.255
```

1行目だけで、デフォルトでは LAN 側のサブネットからの SNTP による時刻同期を受け付けます。2行目は、アクセスを許可するサブネットを設定しています。

4.2.2　LAN スイッチの NTP 設定

ヤマハ LAN スイッチでの NTP の設定は、以下のとおりです。

```
SWX3100(config)# dns-client enable                    ①
SWX3100(config)# dns-client name-server 172.16.10.1   ②
SWX3100(config)# clock timezone jst                   ③
SWX3100(config)# ntpdate server name ntp.nict.jp      ④
```

① dns-client enable

DNS クライアント機能 (DNS リゾルバ) を有効にしています。

② dns-client name-server 172.16.10.1

DNS サーバーとして 172.16.10.1 を設定しています。2章のネットワークであれば、ヤマハルーターの IP アドレスを設定します。

③ clock timezone jst

タイムゾーンを JST に設定しています。タイムゾーンは、デフォルトで JST が設定されているため、設定は必須ではありません。ただし、コマンド自体のデフォルトは UTC です (JST になるよう、デフォルトでコマンドが設定されています)。

④ ntpdate server name ntp.nict.jp

ntp.nict.jp に時刻同期するよう設定しています。デフォルトでは、1時間単位で時刻同期します。

IP アドレスで NTP サーバーを設定したい場合は、ntpdate server ipv4 172.16.10.1 などと設定します。ヤマハルーターで、SNTP サーバーが動作している時は、その IP アドレスを指定すれば同期できます。

NTPで同期されているか確認するためには、show ntpdate コマンドを使います。

```
SWX3100# show ntpdate
NTP server 1 : ntp.nict.jp
NTP server 2 : none
adjust time : Thu May  5 22:59:31 2022 + interval 1 hour
sync server : ntp.nict.jp
```

同期した時間（adjust time）や、時刻同期しているNTPサーバー（sync server）が確認できます。現在の時刻は、show clock コマンドで確認できます。

```
SWX3100# show clock
Thu May  5 23:33:41 JST 2022
```

4.2.3　無線 LAN アクセスポイントの NTP 設定

無線 LAN アクセスポイントの NTP 設定は、「基本設定」→「日付と時刻」で行えます。

■無線LANアクセスポイントの「日付と時刻」画面

設定項目の説明は、以下のとおりです。

■**無線LANアクセスポイントの「日付と時刻」設定項目**

項目	説明
問い合わせ先 NTP サーバー	NTP サーバーの FQDN、または IP アドレスです。「即時設定」ボタンをクリックすると、即座に同期します。
NTP サーバーによる自動調整	起動時に同期するか、指定した時刻に同期するかを選択できます。

　無線 LAN アクセスポイントのタイムゾーンは、JST です。

　なお、問い合わせ先 NTP サーバーを FQDN で設定する場合は、「クラスター設定」画面で、DNS サーバーを指定しておく必要があります。例えば、ヤマハルーターの IP アドレスを指定します。

4.2　NTP の設定　まとめ

- NTP の設定では、外部の NTP サーバーを利用する時は FQDN で設定する。
- FQDN で設定する場合は、DNS リゾルバとして動作して DNS サーバーを設定しておく必要がある。
- ヤマハルーターを SNTP サーバーとして動作させ、ローカルネットワーク上の LAN スイッチや無線 LAN アクセスポイントではヤマハルーターの IP アドレスを指定して時刻同期させることも可能。

Syslogの設定

ログをサーバーに送信して、サーバーで保存することもできます。

本章では、Syslogについて説明するとともに、設定方法も説明します。

4.3.1 Syslogの機能

ログは、頻繁に増えていきます。ルーターやLANスイッチなどのネットワーク機器は、ログをそれほど多く保存できません。例えば、RTX830のログ保存件数は10,000件で、それを超えると古いものから上書きされます。

このため、トラブルが発生した後でログを確認しても、ログに残っていないこともあります。

ログは、サーバーに転送することができます。この機能をSyslogと呼び、ログを保存するサーバーをSyslogサーバーと呼びます。Syslogサーバーに転送しておけば、サーバーの保存領域が一杯になるまでログが保存できます。

また、以下のようにファシリティによって、保存するファイルを分類することもできます。

■ファシリティの役割

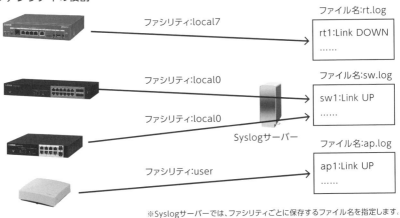

※Syslogサーバーでは、ファシリティごとに保存するファイル名を指定します。

　LAN スイッチのように台数が多いものは同じファシリティにして、そのほかの機器
と別ファイルに保存するようにできます。このようにすると、LAN スイッチのログを
1 台 1 台確認しなくても、1 つのファイルで確認できるようになります。また、ファシ
リティで別ファイルに分類することで、異なる機種のログが 1 つのファイルに混在し
なくなり、後で確認がしやすくなります。

　ネットワーク機器でよく使われているファシリティは、user や local0~7 などです。

4.3.2　ヤマハルーターでの Syslog 設定

　Syslog サーバーの IP アドレスが 172.16.100.50 だった場合の、ヤマハルーターで
の Syslog 設定は、以下のとおりです。

```
# syslog host 172.16.100.50
# syslog facility local7
```

　Syslog サーバーの IP アドレスは、スペースで区切って 4 つまで指定できます。
また、ファシリティを local7 に設定しています。デフォルトは user です。

4.3.3　ヤマハ LAN スイッチでの Syslog 設定

　Syslog サーバーの IP アドレスが 172.16.100.50 だった場合の、ヤマハ LAN スイッ
チでの Syslog 設定は、以下のとおりです。

```
SWX3100(config)# logging host 172.16.100.50
```

　Syslog サーバーは、2 台まで設定できます。2 台目は、もう 1 度同じコマンドで設定
します。
　ファシリティは、local0 で送信されます (変更できません)。

4.3.4 ヤマハ無線LANアクセスポイントでのSyslog設定

　無線 LAN アクセスポイントで Syslog を設定する時は、「管理機能」→「ログ (Syslog)」を選択して行います。

■ 仮想コントローラーの「ログ (Syslog)」画面

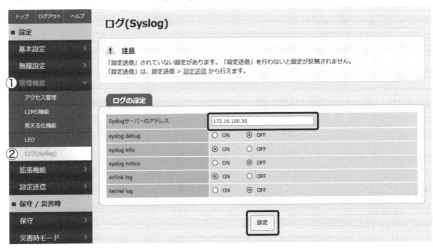

　「Syslog サーバーのアドレス」で、IP アドレスを入力します。IP アドレスは 1 つだけ指定できます。その下では、送信したいログ種別を on にします。

　「設定」ボタンをクリックした後、設定送信すれば設定が反映されます。

　ファシリティは、user で送信されます (変更できません)。

4.4 ループ検出機能の設定

運用開始後によく発生するトラブルの1つとして、ループがあります。
本章では、ループに対応するためのループ検出機能について説明します。

4.4.1 ループ検出機能

LANスイッチをループ構成で接続した場合、フレームもループしてブロードキャストストームが発生します。

ブロードキャストストームは、運用開始後によくあるトラブルです。例えば、通信できないと思って、近くにあったケーブルを挿してみた、これだけでブロードキャストストームが発生する可能性があります。

このループは、独自のフレーム（LDF:Loop Detection Frame）を送信することで検出できます。

■LDFでループを検出する

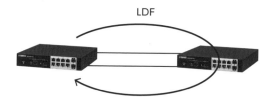

LDFが戻ってきたら、ループしているという訳です。この場合、片方のポートでフレームの中継をやめれば、ループは解消されます。これが、ループ検出機能です。

4.4.2 ループ検出機能の設定

ループ検出機能は、loop-detect コマンドで設定します。

```
SWX3100(config)# loop-detect enable
SWX3100(config)# interface port1.2-3
SWX3100(config-if)# loop-detect enable
```

　最初の loop-detect enable で、装置全体のループ検出機能を有効にしています。デフォルトは、無効(disable)です。

　次の loop-detect enable で、指定したポートのループ検出機能を有効にしていますが、これはデフォルトで有効です。つまり、装置全体でループ検出機能を有効にすれば、すべてのポートはデフォルトでループ検出機能が有効になります。

　ループの確認は、show loop-detect コマンドで行えます。

```
SWX3100# show loop-detect
loop-detect: Enable
port loop-detect port-blocking status
---------------------------------------------------------
port1.1 enable(*) enable Normal
port1.2 enable(*) enable Detected
port1.3 enable(*) enable Blocking
port1.4 enable(*) enable Normal
port1.5 enable(*) enable Detected
port1.6 enable(*) enable Normal
port1.7 enable(*) enable Blocking
port1.8 enable(*) enable Normal
port1.9 enable(*) enable Normal
port1.10 enable(*) enable Normal
---------------------------------------------------------
(*): Indicates that the feature is enabled.
```

　上記は、port1.2 と 1.3、port1.5 と 1.7 をケーブルで接続して、ループさせた時の例です。status で Detected となっているのが、ループを検知したポートです。Blocking のポートは、フレームがループしないように通信を停止しています。ループが解消すれば、通信の停止は解除されます。

　なお、スパニングツリープロトコルが有効な場合は、このような接続のループでは片方がブロッキングポートになるため、ループ検出機能は働きません。

　ループ検出機能とスパニングツリープロトコルは、併用できます。

　このため、ループ検出機能も有効にしておけば、次のようなスパニングツリープロトコルが無効の LAN スイッチが接続されて、その LAN スイッチでループが発生した時（スパニングツリープロトコルではブロッキングポートにならないパターン）も検出して、通信を一時的に停止させることができます。

■ スパニングツリープロトコルがブロッキングポートにならないが、
　ループ検出が働くパターン

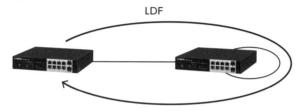

LDF

※右のLANスイッチは、スパニングツリープロトコルが無効

　ブロードキャストストームは、よくあるトラブルと説明しました。例えば、誰かがスパニングツリープロトコル機能を持たない L2 スイッチを接続してループさせるということもあります。このような時でも、ループ検出機能であればループを停止できて、大きなトラブルになることを防げます。

4.4　ループ検出機能の設定　まとめ

● ループ検出機能によって、ループ構成になった時にブロードキャストストームを防ぐことができる。

4.5 L2MS

L2MS（Layer2 Management Service）は、複数の機器を1つの機器から一括管理するヤマハ独自の機能です。

本章では、L2MSの機能と設定について説明します。

4.5.1 L2MSの機能説明

L2MSでは、1台の機器がマネージャーとなり、他の機器を管理します。管理される側の機器をエージェントと呼びます。エージェントがルーターであればエージェントルーター、LANスイッチであればエージェントスイッチ、無線LANアクセスポイントであればエージェントAPとも呼びます。

マネージャーは、同一サブネット内にあるエージェントを自動で検出し、複数のエージェントを同時に管理できます。同一サブネットには、マネージャーが1台である必要があります。

■L2MSのマネージャーとエージェント

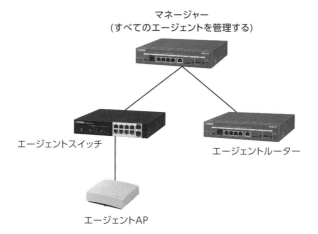

マネージャー
（すべてのエージェントを管理する）

エージェントスイッチ

エージェントルーター

エージェントAP

エージェントを多段で接続した場合、マネージャーから8台までは管理できますが、9台以上を接続することはできません。8台まで直列に接続できるため、7台目に2つのエージェントが接続されていても(2台とも直列に数えると8台目にあたるため)管理可能です。また、途中に他社製品が含まれていると、管理できないことがあります。

■ **L2MSで管理可能な段数**

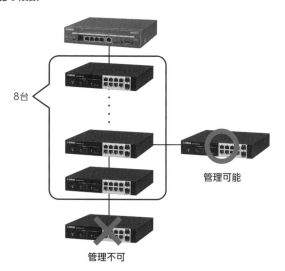

マネージャーは、定期的に探索パケットを送信し、応答パケットが返ってくることでエージェントが動作していることを判断します。応答がない場合は、エージェントがダウンしたと判断します。また、エージェントが接続されているポートがダウンすると、即座にエージェントがダウンしたと判断します。

L2MSを利用することで、設定を変更したり動作状態を取得したりすることが可能です。

4.5.2 L2MS 初期設定

ヤマハルーターで L2MS を利用する時の初期設定は、以下のとおりです。

```
# switch control mode master                    ①
# switch control use lan1 on terminal=on        ②
```

① switch control mode master

ルーターをマネージャーにしますが、デフォルトでマネージャーなので設定は必須ではありません。他のルーターがマネージャーの時は、slaveを指定するとエージェントになります。

② switch control use lan1 on terminal=on

lan1 で L2MS を有効にします。terminal も onにすると、端末情報(接続されているパソコンなどの情報)を収集します。

　ヤマハ LAN スイッチも無線 LAN アクセスポイントも、デフォルトでエージェントとして動作します。このため、同一サブネットであれば接続するだけでルーターから自動で検出されます。

　検出したエージェントの一覧は、show status switch control コマンドで表示できます。

```
# show status switch control
LAN1
[ac:44:f2:b2:58:54]
機種名   : SWX3220-16MT
機器名   : SWX3220-16MT_Z7401133BK
経路     : lan1:1
アップリンク: 1.1
設定用経路 : lan1:1
設定     :なし

[ac:44:f2:39:3b:b2]
機種名   : SWX3100-10G
機器名   : SWX3100-10G_Z5701045YI
経路     : lan1:1-1.2
アップリンク: 1.3
設定用経路 : lan1:1-1.2
設定     :なし

※以下、同様に表示
```

なお、L2MSで検出されたエージェントは、VLAN1のIPアドレスがDHCPで取得するよう設定が書き換えられます。このため、固定IPアドレスを使ってTELNETなどで接続したい場合は、VLAN100など別のVLANにIPアドレスを設定して、接続できるようにする必要があります。

4.5.3　エージェントの指定方法

マネージャーからエージェントに対して設定変更する時やコンフィグ操作などを行う時は、エージェントを指定して実行する必要があります。この指定方法には、以下の2とおりあります。

　・MACアドレスで指定する。
　・経路で指定する。

経路で指定する時の指定例は、以下のとおりです。

■エージェントを経路で指定する例を説明するためのネットワーク

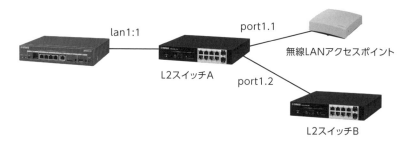

それぞれの機器は、経路を以下で指定します。

■エージェントの経路指定例

エージェント	経路
L2スイッチ A	lan1:1
無線 LAN アクセスポイント	lan1:1-1.1
L2スイッチ B	lan1:1-1.2

※ lan1:1 は、lan1 のポート番号 1 を示します。

MAC アドレスも経路も、show status switch control コマンドで表示した時の情報をそのままコピー＆ペーストで使えます。

4.5.4　L2MS を使った情報取得

L2MSを使った情報取得の例として、ファームウェアの情報を取得してみます

```
# switch select 11:ff:11:ff:11:ff                                    ①
switch(11:ff:11:ff:11:ff)# switch control function get firmware-revis
ion                                                                  ②
Rev.4.02.02 (Mon Dec 14 12:07:35 2020)
switch(11:ff:11:ff:11:ff)# switch select none
                                                                     ③
```

① **switch select 11:ff:11:ff:11:ff**
LAN スイッチの MAC アドレスを指定して選択しています。lan1:1 など経路で指定することもできます。

② **switch control function get firmware-revision**
ファームウェアのリビジョンを取得するコマンドです。下に、リビジョン番号(Rev.4.02.02)が表示されています。

③ **switch select none**
スイッチの選択を解除します。

4.5　L2MS　まとめ

- L2MSによって、同一サブネット内にあるヤマハ機器を一括管理できる。
- L2MSでは、1台の機器がマネージャー(基本はルーターがマネージャー)となり、他のエージェント装置を管理する。
- ヤマハルーターは、利用するインターフェースで有効にするだけでマネージャーとして動作する。
- LANスイッチや無線LANアクセスポイントは、設定なしでエージェントとして動作する。

4.6　LANマップ

　ネットワークの接続状態や、機器の稼働状態がグラフィカルに確認できると、ネットワークを運用管理する上で便利です。

　本章では、LAN マップについて機能や使い方を説明します。

4.6.1　LAN マップの機能と初期設定

　LAN マップは、L2MS を利用してネットワークの接続状態や機器の稼働状態、障害情報を Web GUI 上にグラフィカルに表示する機能です。LAN マップを利用すれば、運用管理のかなめとなる構成管理、稼働監視、障害監視がすべて行えます。

　運用では、SMMP マネージャーなどを構築して管理・監視することもできますが、サーバーを構築して OSS のインストール・設定など手間とコストがかかります。また、運用開始後もパッチ (プログラムの修正) をあてたりする必要もあります。

　LAN マップであれば、手間もかからず追加費用も不要なため、簡単に管理・監視が行えるようになり、かなりのメリットと言えます。

　LAN マップの Web GUIへは、Web ブラウザーを起動して、アドレス欄でヤマハルーターの IP アドレスを指定すればログインできます。

　ログイン時に認証が必要ですが、ユーザー名は空白のままで、パスワードだけ入力します。初期状態では、パスワードも空欄のままでログインできます。

　ログイン時は、「ダッシュボード」画面が表示されていますが、「LAN マップ」を選択することで LAN マップを表示できます。

　初期状態では、LAN マップは無効になっています。そのため、画面右上隅にある「設定」(歯車のアイコン) ボタンをクリックして、この機能を有効にする必要があります。

■RTX830の「LANマップの設定」画面

デフォルトはマネージャー（図ではマスター）ですが、L2MSが無効になっているため、有効にするインターフェースにチェックを入れます。その後、画面下にスクロールして、「設定の確定」ボタンをクリックします。これで、L2MSが有効になります。つまり、コマンドでL2MSを設定しなくても、Web GUIから有効にできます。

LANスイッチや無線LANアクセスポイントは、デフォルトでエージェントになっていてL2MSも有効になっています。このため、ヤマハルーターで設定するだけで、LANマップは次ページのように自動でエージェントを検出して、ネットワークの接続状態をツリー構造で表示したり、選択した機器の稼働状況を表示したりしてくれます。

■ RTX830の「LANマップ」画面

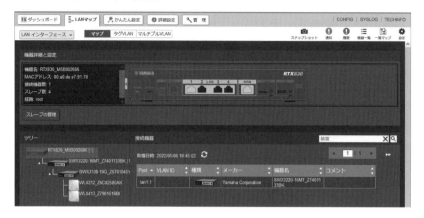

4.6.2　通知機能

　もし、監視対象の機器に異常が発生した時やループを検出した時などは、LAN マップ上で異常のある機器に赤色の「！」が表示されるなど、通知してくれます。その時、画面上には通知内容のメッセージが表示されます。

■ 通知機能

また、この画面のように、異常があるポートも赤色の「！」マークで示してくれます。

「履歴」ボタンをクリックすると、過去に発生した障害などのメッセージも表示できます。

4.6.3　スナップショット機能

スナップショットは、インターフェースごとのネットワーク接続状態を保存したものです。スナップショットで保存したネットワーク接続状態と、現在のネットワーク接続状態を比較して、違いがあった時に異常があったと判断して通知を行います。

スナップショットは、デフォルトで無効になっているため、利用する場合は「LANマップの設定」画面で下にスクロールして、スナップショット機能を有効にする必要があります。

■RTX830の「LANマップの設定」画面（スナップショット有効化）

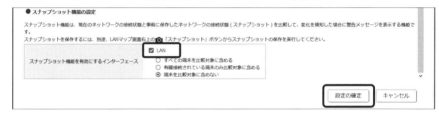

「LAN」にチェックを入れて、以下から選択します。

■スナップショットで管理する端末の選択

選択肢	説明
すべての端末を比較対象に含める	有線 LAN、無線 LAN どちらで接続されている端末も、比較対象に含めます。
有線接続されている端末のみ比較対象に含める	有線 LAN で接続されている端末のみ比較対象に含めます。
端末を比較対象に含めない	端末を比較対象に含めません。

　端末を比較対象にすると、例えばパソコンの電源を切ると通知が発生します。このため、台数が多い場合は比較対象に含めない方が賢明です。

　「設定の確定」ボタンをクリックすると、設定が反映されます。

　次に、「LANマップ」画面右上の「スナップショット」ボタンをクリックします。そうすると、ボタンをクリックした時点のネットワーク接続状態が保存されます。この保存された接続状態から変化があると、次のように画面上で通知が行われます。

■スナップショット機能での通知

　この画面は、WLX212がダウンした時に採取したものです。WLX212を示すアイコンが暗くなって、赤色の「！」マークが付いています。また、その通知内容も上に表示されています。

　このように、スナップショット機能を利用すれば、正常とするネットワーク接続状態(スナップショットを採取した時)から変化があった時、素早く検知することができます。

4.6.4　端末管理機能

端末管理機能は、自動で端末の情報を収集して、DBに保存します。その情報は、「機器一覧」ボタンをクリックすると参照できます。

■「端末一覧」画面

端末の情報が表示されています。画面を右にスクロールすると、IPアドレスやMACアドレスも表示されます。

「編集」ボタンをクリックして、情報を書き換えることもできます。

また、「CSVで保存」ボタンをクリックすると、機器の一覧情報をCSVで保存できるため、Excelで管理することもできます。

4.6　LANマップ　まとめ

- ●LANマップによって、ネットワーク接続状態や機器の稼働状態がグラフィカルに確認できる。
- ●LANマップを使う時は、ヤマハルーターで利用するインターフェースのL2MSを有効にする必要がある。LANスイッチや無線LANアクセスポイントは、デフォルトが有効でエージェントになっている。
- ●通知機能によって、障害などを通知できる。
- ●スナップショットを利用すると、ネットワーク接続状態に変化があった時に通知できる。
- ●端末管理機能を利用すると、端末情報を自動で採取して管理できる。また、CSVファイルに保存してExcelで管理することもできる。

4.7　無線LANの可視化

　無線は、人の目で見ることができません。このため、チャンネルが重複しているなどはわからないのですが、これを可視化することができます。本章では、無線LANの可視化について説明します。

4.7.1　無線LAN見える化ツール

　ヤマハ無線LANアクセスポイントでは、無線LAN可視化のために「見える化ツール」が用意されています。見える化ツールには、以下の機能があります。

● 無線LAN情報表示機能
近隣のチャンネル利用状況や、過去に検出した問題などが表示できます。

● 端末情報表示機能
無線LANアクセスポイントに接続している機器のMACアドレスや、認証方式などの情報が表示できます。

● 周辺アクセスポイント情報表示機能
周辺無線LANアクセスポイントのMACアドレスや認証方式などを一覧で表示できます。

● レポート表示機能
ログの内容を許容、注意などに分類した統計情報や、ログ一覧が表示できます。

見える化ツールは、仮想コントローラーではなく各無線 LAN アクセスポイントに接続することで使えます。接続方法は、次の３通りとおりあります。

1. Web ブラウザーで IP アドレスを指定して接続する

Web ブラウザーを起動して、アドレス欄で各無線 LAN アクセスポイントの IP アドレスを指定すればログインできます。

2. LAN マップから接続する

LAN マップで対象の無線 LAN アクセスポイントを選択して、「HTTP プロキシー経由で GUI を開く」をクリックするとログインできます。

■「LANマップ」画面の「HTTPプロキシー経由でGUIを開く」ボタン

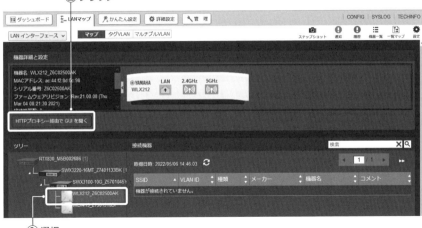

② クリック

① 選択

3. 仮想コントローラーから接続する

　仮想コントローラーのトップ画面下の「クラスター AP 一覧」で、対象の無線 LAN アクセスポイント右にある「詳細」ボタンをクリックするとログインできます。

■仮想コントローラーのトップ画面の「クラスターAP一覧」

　ログインする時のユーザー名とパスワードは、仮想コントローラーにログインする時のものと同じです。

　接続後は、次のトップ場面が表示されるため、「見える化ツール」ボタンをクリックすることで見える化ツールが利用できます。

■無線LANアクセスポイントのトップ画面(見える化ツール選択)

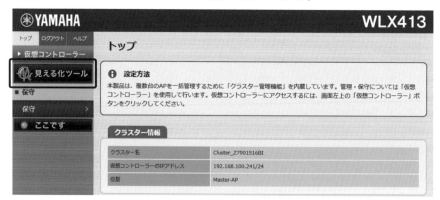

4.7.2 無線 LAN 情報表示機能

　無線 LAN 情報表示機能は、「無線 LAN 情報」タブからリストを選択して利用します。リストからは、以下の機能が選択できます。

- **● 状態表示**

　無線 LAN の現在状況を 1 画面で表示します。

- **● チャンネル使用状況表示**

　無線 LAN アクセスポイントが利用しているチャンネルをグラフィカルに表示します。

- **● チャンネル使用率表示**

　チャンネル使用率を、時系列の折れ線グラフで表示します。

- **● CRC エラー率表示**

　他の無線 LAN アクセスポイントとチャンネルが重なっていたり、電波干渉していたりしてエラーとなった割合を、時系列の折れ線グラフで表示します。通信できない時などに参照すると、エラーが多く発生している可能性があります。その時は、チャンネル使用状況表示やチャンネル使用率表示で利用状況を確認し、空いているチャンネルや周波数帯に変えると解消される可能性があります。

　以下は、状態表示画面です。

■ **見える化ツールの「状態表示」画面**

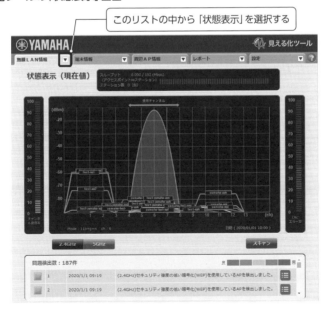

　近隣無線 LAN アクセスポイントのチャンネル使用状況などが確認できます。図では、2.4GHz 帯を表示していますが、かなりチャンネルが重複して利用されていることがわかります。

4.7.3　端末情報表示機能

　端末情報表示機能は、「端末情報」タブからリストを選択して利用します。リストからは、以下の機能が選択できます。

● 端末一覧表示
　無線 LAN アクセスポイントに接続している端末一覧を、SSID ごとに表示します。
● グループ内端末表示
　クラスター内の無線 LAN アクセスポイントに接続しているすべての端末の一覧を、無線 LAN アクセスポイントごとに表示します。

　以下は、端末一覧表示画面です。

■見える化ツールの「端末一覧表示」画面

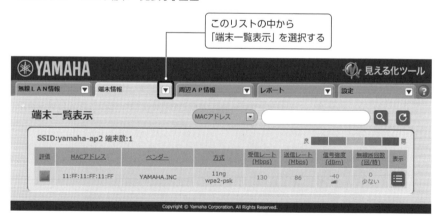

　端末からの接続が正常か、意図しない端末から接続されていないかなどを調べることができます。

4.7.4 周辺アクセスポイント情報表示機能

周辺アクセスポイント情報表示機能は、「周辺 AP 情報」タブからリストを選択して利用します。リストからは、以下の機能が選択できます。

● AP 一覧表示

周辺にある無線 LAN アクセスポイントが一覧で表示されます。また、「未登録アクセスポイント」と「登録済アクセスポイント」に分けて表示されます。自身で管理している無線 LAN アクセスポイントを登録済にしておくことで、管理外の無線 LAN アクセスポイントの存在を確認しやすくなります。

以下は、AP 一覧表示画面です。

■見える化ツールの「AP一覧表示」画面

このリストの中から「AP 一覧表示」を選択する

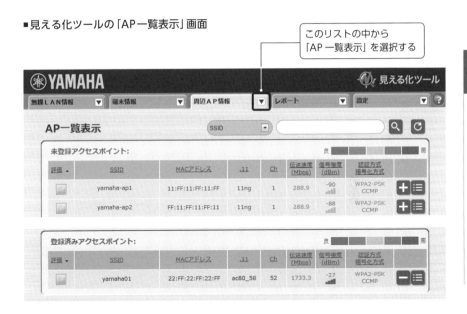

「未登録アクセスポイント」の下に表示されている無線 LAN アクセスポイントの右にある「+」ボタンをクリックすると、「登録済アクセスポイント」に移動します。

「登録済アクセスポイント」の下に表示されている無線 LAN アクセスポイントの右にある「—」ボタンをクリックすると、「未登録アクセスポイント」に移動します。

4.7.5　レポート表示機能

　レポート表示機能は、「レポート」タブからリストを選択して利用します。リストからは、以下の機能が選択できます。

● **レポート TOP**
ログの統計情報を表示できます。また、ログのダウンロードも行えます。
● **ログ一覧表示**
ログの一覧を表示します。ログは、日時、重要度、カテゴリ、問題内容が表示されます。また、ソートしたり、ログの検索をしたりもできます。

以下は、レポート TOP 画面です。

■見える化ツールの「レポートTOP」画面

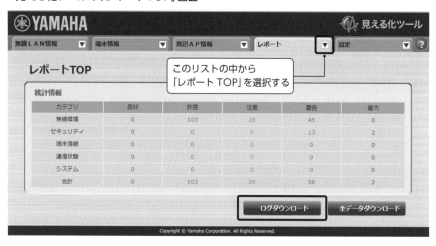

「ログダウンロード」ボタンをクリックすると、ログをダウンロードできます。

4.7　無線 LAN の可視化　まとめ

● 無線 LAN を可視化するために、見える化ツールが使える。
● 見える化ツールでは、無線 LAN 情報、端末情報、周辺アクセスポイント情報、レポートなどが表示できる。

クラスター管理機能

2章で説明したとおり、ヤマハ無線LANアクセスポイントはクラスターで管理されています。このため、運用を開始した後も、クラスターにより管理を行います。

本章では、無線LANのクラスター管理機能について説明します。

4.8.1 無線LANアクセスポイントの自動追加

仮想コントローラーと同一サブネットに、無線LANアクセスポイントを新規に接続した場合、以下の動作により自動でクラスターに追加されます。

① 新規に追加された無線LANアクセスポイントは、リーダーAPから定期的に送信される広報パケットを受信します。
② 広報パケットを受信すると、仮想コントローラーに設定ファイルの送信を要求します。
③ 仮想コントローラーは設定ファイルを送信し、追加された無線LANコントローラーは設定を反映してフォロワーAPになります。

自動でSSIDの設定なども反映されるため、DHCPにより自動でIPアドレスを取得できる場合は、特に設定をしなくても無線LANアクセスポイントとして使えるようになります。

手動でIPアドレスを設定する場合、105ページで説明した「クラスターAP管理」画面で設定が必要です。

4.8.2 クラスターからの削除

クラスターに所属できる無線LANアクセスポイントは、最大128台です。この台数は、WLX212とWLX413の数で変わります。

■ クラスターに所属できる台数

モデル構成	WLX413 台数	WLX212 台数	合計
WLX212 のみ	-	50 台	50 台
WLX413 のみ	50 台	-	50 台
機種混在	20 台	108 台	128 台

　これを超えた場合は、クラスターに追加されません。このため、無線 LAN アクセスポイントの障害などで交換する時は、管理対象として残ってしまわないようにクラスターから削除する必要があります。

　削除する時は、最初に対象の無線 LAN アクセスポイントをネットワークから切断します。その後、「クラスター AP 一覧」画面を表示します。

■「クラスターAP一覧」画面（APの削除）

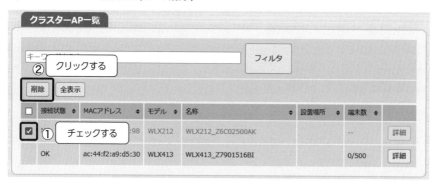

　削除したい無線 LAN アクセスポイントにチェックを入れ、「削除」ボタンをクリックすると、削除されます。接続状態が「OK」のものは、チェックできません。

4.8　クラスター管理機能　まとめ

- 運用を開始した後でも、無線 LAN アクセスポイントを同一サブネットに接続すると、自動でクラスターに追加され、設定が反映される。
- 障害などで無線 LAN アクセスポイントを交換する時は、管理対象として残らないように削除する。

YNOによる
ネットワーク統合管理

ヤマハルーターや無線 LAN アクセスポイントは、クラウドから運用管理が行えます。
本章では、YNO (Yamaha Network Organizer)について説明します。

4.9.1　YNO とは

YNO は、ヤマハルーターや無線 LAN アクセスポイントを、クラウドから運用管理
できるサービスです。

クラウドなので、インターネットから簡単にログインできます。このため、リモー
トアクセス VPN がない環境であっても、自宅や出張先からネットワーク機器の管理が
できます。

■YNOの利用形態

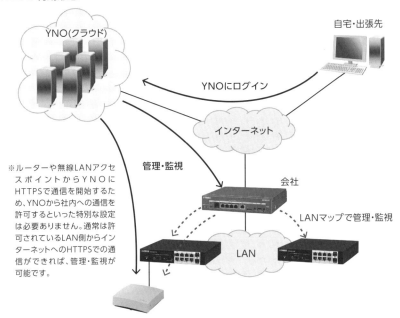

　LAN スイッチは YNO から直接管理できませんが、LAN マップも使えるため、LAN スイッチ含めて社内ネットワーク機器をグラフィカルに一元管理することが可能です。

　また、ネットワーク機器の運用管理を SIer (構築や運用管理を代行して行う業者) にまかせることもあります。運用管理のために、SIer が社内のネットワークにリモートアクセス VPN で接続できるようにすると、サーバーなどにもアクセスできてしまう可能性が出てきて、セキュリティ上好ましくないことがあります。

　YNO であれば、社内ネットワークへ接続せずにネットワーク機器の運用管理だけが行えるため、このような心配もありません。SIer としても、セキュリティを心配されるお客様に対して、安心して運用管理をまかせてもらえる新たなビジネスモデルが展開できるというメリットがあります。

　YNO では、次のような機能をサポートしています。

機器管理

　管理している機器を一覧で表示したり、ステータスを表示したりできます。また、ヤマハルーターの「LAN マップ」や、無線 LAN アクセスポイントの「無線 LAN 見える化ツール」にアクセスできるため、稼働状態を確認したり、障害箇所の確認を行ったりが簡単にできます。

アラーム通知

　ネットワーク機器から通知された障害情報は、YNO でまとめて確認できます。これを、アラーム通知と言います。アラーム通知をメールで送ることもできるため、素早い障害の発見につながります。発見後は、会社にある監視サーバーにログインしなくても、自宅や出張先から YNO にログインして機器の状態を確認できます。

　なお、YNO を利用していなくてネットワークに障害があった場合、監視サーバーからメールを送信するようにしていても、メール自体が届かない可能性があります。YNO で監視していれば、YNO からメールを送信することができます。このため、スマートフォンやテレワークの場合は自宅のパソコンなどで受信するようにしておけば、インターネット経由で通知メールが受信できます。

■アラームのメールが確実に受信できる

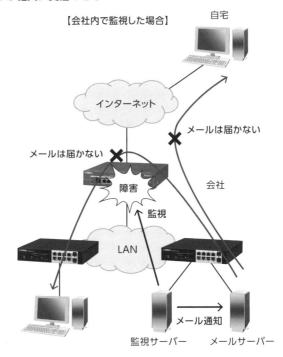

【会社内で監視した場合】

自宅

インターネット

メールは届かない

メールは届かない

障害

会社

監視

LAN

メール通知

監視サーバー　メールサーバー

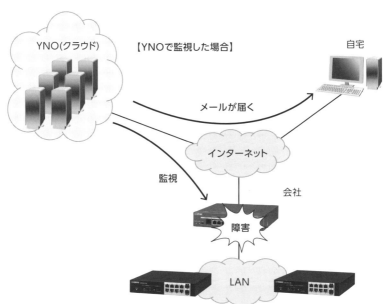

YNO(クラウド)

【YNOで監視した場合】

自宅

メールが届く

インターネット

監視

会社

障害

LAN

ゼロコンフィグ

ヤマハルーターがインターネットと通信できる状態であれば、YNOで作成した設定(コンフィグ)を自動で反映させることができます。

ファームウェアの一括更新

ファームウェアは、機能追加などでバージョンアップされていきますが、利用するためには新しいファームウェアに更新する必要があります。

YNOでは、この更新を一括で行えます。例えば、ファームウェアの更新時は再起動が必要なため通信が途切れますが、利用者が少ない深夜に自動で一括して更新するようにもできます。

4.9.2 YNO にヤマハルーターを登録する

YNOは有料サービスなので、ライセンスの購入が必要です。例えば、5台分の管理が1年間有効なライセンスなどがあります。

ライセンスを購入すると、オペレーターIDと仮パスワードが発行されます。クラウドには、このオペレーターIDと仮パスワードを使ってログインします。YNOのURLは以下で、Webブラウザーで開くと次の画面が表示されます。

```
https://yno.netvolante.jp/
```

■YNOログイン画面

一番上にオペレーター ID、一番下に仮パスワードを入力し、「ログイン」ボタンをクリックします。

初めてログインした時は、パスワードの変更が求められます。その後、以下の画面が表示されます。

■ YNOの「ダッシュボード」画面

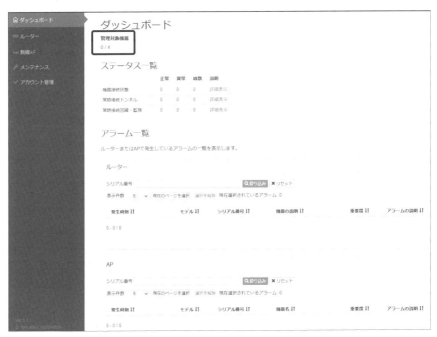

管理対象機器の下には、「管理対象にしている機器の数 / ライセンス数」が表示されています。この画面の例では、ライセンス数が4つなので、4台まで管理できます。最初にログインした時は、この画面で申し込んだライセンス数になっているか確認します。

また、機器が管理できるようになると、障害があった時に「アラーム一覧」に表示されるため、この画面だけでも監視確認ができます。

ヤマハルーターを YNO で管理するためには、左サイドで「ルーター」→「アクセスコード」の順に選択します。

■ YNOの「アクセスコード」画面

「アクセスコード」を入力して、「確認」ボタンをクリックします。アクセスコードは、ルーターを認証するためのパスワードのようなもので、自分で考えた文字列を登録します。ルーターでもアクセスコードを設定し、一致すればそのルーターが管理対象になります。1つアクセスコードを設定すれば、複数のルーターを登録できます。

「確認」ボタンをクリックした後、オペレーターIDのパスワードの入力が求められるため、入力します。また、アクセスコードの再確認や注意事項などが表示されるため、順に確認すればYNO側の準備は完了です。

次は、ルーターの設定です。設定時はYNOと通信するため、インターネットと通信できる状態になっている必要があります。

ルーターでは、ログイン後に以下の設定を行います。

```
# yno use on
この機能を有効にするには「ライセンスキーの購入」と「購入時の規約の同意」が必要です
http://www.rtpro.yamaha.co.jp/RT/docs/yno/license.pdf
ライセンスキーの購入と規約の同意は済んでいますか？（Y/N）y
# yno access code【オペレーターID】【アクセスコード】
```

オペレーターIDは、YNOにログインする時のIDです。アクセスコードは、YNOで登録したものと一致させる必要があります。

以上で、ヤマハルーターはYNOに登録されて、管理できるようになります。

4.9.3　YNO に無線 LAN アクセスポイントを登録する

　無線 LAN アクセスポイントを YNO で管理するためには、YNO で「無線 AP」→「AP
登録 / グループ管理」の順に選択します。その後、画面右に表示されている「APの登録」
ボタンをクリックすると、以下の画面が表示されます。

■ YNOの「APの登録」画面

　図の枠で囲った部分は、テキストで入力できるようになっています。ここに、無線
LAN アクセスポイントのシリアル番号と Device ID をカンマ (,) 区切りで入力します。
2 台以上ある場合は、改行して入力します。以下は、2 台のシリアル番号が ABCDE と
FGHIJ で、Device ID が 12345 と 67890 だった場合の入力例です。

```
ABCDE,12345
FGHIJ,67890
```

　シリアル番号と Device ID は、本体の裏面や Web GUI でアクセスした画面で確認で
きます。
　「確認」ボタンをクリックすると「確認」画面が表示されるため、「確定」ボタンをクリッ
クすると、無線 LAN アクセスポイントが登録されます。
　無線 LAN アクセスポイントが工場出荷状態で、ルーターから DHCP で IP アドレス
などを取得してインターネットと通信できる環境であれば、無線 LAN アクセスポイン
ト側の設定は不要です。ルーターとケーブルで接続すれば、YNO と通信して登録され
ます。
　工場出荷状態ではなくて、すでに設定を行っている場合は、管理モードの変更が必
要です。変更は、仮想コントローラーで「基本設定」→「管理モード」の順に選択して
行います。

4
章

ネットワーク運用管理

■仮想コントローラーの「管理モード」画面

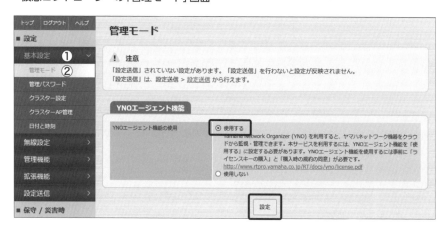

「YNO エージェント機能の使用」で " 使用する " にチェックを入れます。その後、「設定」ボタンをクリックした後、設定送信します。

また、2章で説明した IP アドレスや DNS サーバーなどを設定して、インターネットと通信できるようにする必要があります。

これで、YNO に登録されます。

4.9.4 機器の管理

ルーターと無線 LAN アクセスポイントの管理方法を説明します。

ルーター

ルーターの管理は、「ルーター」→「機器管理」の順に選択して行えます。

■YNOの「機器管理」画面（ルーター）

管理対象のルーター (YNOに登録したルーター) が一覧で表示されています。

アクションにある **❶** をクリックすると、機器の CPU やメモリ使用率、PP インターフェースや IPsec の接続状態などかなり多くの情報を確認できます。

また、**➔** をクリックすると、ルーターの Web GUIが開きます。Web GUIから LANマップを利用して、他機器の管理も行えます。

これは、パソコンから HTTPで直接ルーターにアクセスするのではなく、YNOが中継して画面に表示しています。このため、インターネットから利用する時でも、インターネットからルーターへのアクセスを許可するような設定は不要です。

無線 LAN アクセスポイント

無線 LAN アクセスポイントの管理は、「無線 AP」→「機器管理」の順に選択して行えます。

■ YNOの「機器管理のグループ一覧」画面

アクションにある **❯** をクリックすると、クラスター一覧が表示されます。表示された画面で、該当のクラスター右のアクションにある **❯** をクリックすると、クラスターに属する AP 一覧が表示されます。

■ YNOの「機器管理のAP一覧」画面

アクションにある ❶ をクリックすると、システム情報(無線LANアクセスポイントにWeb GUIで接続した時のトップ画面)が確認できます。また、アクションにある 👁 をクリックすると、見える化ツールが開きます。

これらも、インターネットから無線LANアクセスポイントへアクセスを許可するような設定は不要です。

4.9.5 アラーム通知の設定

アラームのメールでの通知先は、画面右上のオペレーターIDを選択して表示されるプルダウンメニューで、「アカウントの編集」を選択して設定します。

■YNOの「アカウントの編集」画面

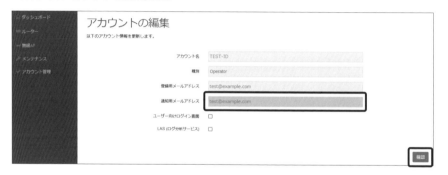

※表示していませんが、この右上にはオペレーターIDが表示されていて、クリックするとプルダウンメニューが表示されます。そのメニューからログアウトもできます。

「通知用メールアドレス」にメールアドレスを入力し、「確認」ボタンをクリックします。その後、確認画面が表示されるため、「確定」ボタンをクリックすれば完了です。複数のメールアドレスに通知する時は、test1@example.com,test2@example.com などのようにカンマ(,)で区切って入力します。

メールアドレスを入力する時、1つを会社のメールアドレス、1つを自宅パソコンやスマートフォンで使うメールアドレスにしておけば、会社のメールアドレスで受信できなかった場合でもアラーム通知を受け取れます。

会社のセキュリティ規約上、自宅パソコンやスマートフォンで使うメールアドレスに送れない場合も多いと思います。しかし、最近ではMicrosoft365などで会社のメール自体がクラウドで運用されていることも多くなってきました。それであれば、通知用メールアドレスに会社のメールアドレスを登録しておけば、会社のネットワークが

使えない場合でもメールの受信が可能です。

■ クラウドのメールを利用したアラーム通知の受信

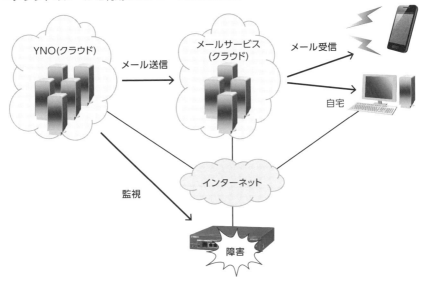

また、SIerであれば、管理をまかされている会社とはネットワークが別でしょうから、管理対象のネットワークで障害があった場合でも、YNOからのメールは受信できると思います。

アラーム通知する内容は、「メンテナンス」→「アラーム設定」の順に選択し、表示された画面で「アラームを設定する」ボタンをクリックして行います。

■ YNOの「アラーム設定」画面

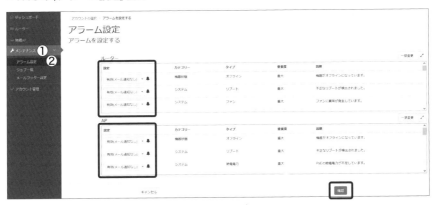

デフォルトでは、YNOの画面上に通知するだけ(メールでは通知しない)なので、必要な通知を"有効(メール通知あり)"に変更します。また、「一括変更」ボタンをクリックして、すべてのアラームを一括で変更することもできます。

設定後は、「確認」ボタンをクリックし、「確認」画面で「確定」ボタンをクリックすれば反映されます。

なお、アラームがメール通知されるタイミングは以下のとおりです。

■ YNOでのメール通知タイミング

重要度	メール通知されるタイミング
重大	アラームの発生・解除を検知してから5分
注意	アラームの発生・解除を検知してから30分

もし、このタイミング前に他のアラームも発生した場合、短いタイミングの方に合わせて、一度のメールでこの間発生したアラーム通知がすべて行われます。

各アラームの重要度がどのようになっているのかは、「アラーム設定」画面の「重要度」の欄で確認できます。また、以下のURLでも確認できます。

http://www.rtpro.yamaha.co.jp/RT/docs/yno/manual/confirm_alarm.html# 機種別のアラーム一覧

以上により、アラーム設定で有効にした内容に障害などが発生した時に、メールで通知が行われます。

4.9.6　ゼロコンフィグ

YNOの機能として、ゼロコンフィグの利用方法をご紹介します。
ゼロコンフィグを利用すると、以下のようなことができます。

① ヤマハルーターを購入して、遠隔地にある支店に直接搬入してもらいます。
② 初期コンフィグ(インターネットと通信してYNOから本番用コンフィグをダウンロードする最低限の設定)を外部メモリに保存して支店に送るか、支店側で保存してもらいます。
③ 支店にルーターが搬入されたらONUと接続して、外部メモリを挿して起動します。

これだけで、本番用のコンフィグが反映されます。本番用のコンフィグが反映されたら、外部メモリを外せば再起動しても本番用のコンフィグで動作します。また、もし本番用のコンフィグに間違いがあった場合、外部メモリを挿して起動すれば初期コンフィグが反映されて、再度YNOと通信して修正した本番用のコンフィグが反映されます。

　これは、コンフィグを作成する人が、支店まで出張して設定する手間を省けます。また、外部メモリに本番用のコンフィグを保存するのではないため、本番用のコンフィグに間違いがあってもすぐに修正できるのもメリットです。

　このため、たくさんの支店にヤマハルーターを導入する時は、旅費や時間を節約できてコストメリットのある有用な機能と言えます。

　ゼロコンフィグを利用するためには、まず本番用のコンフィグを作成する必要があります。作成はYNOにログイン後、「ルーター」→「ゼロコンフィグ」→「CONFIG一覧」の順に選択して行います。

■YNOの「CONFIG一覧」画面

　「CONFIGの新規作成」ボタンをクリックすると、以下の画面が表示されます。

■YNOの「CONFIGの新規作成」画面

最低限設定が必要なのは、プレース ID と CONFIG です。プレース ID は、コンフィグを一意に特定する ID です。CONFIG は、本番用コンフィグを入力します。

本番用コンフィグでは、**yno use on** と **yno access code** の設定が必要です。すでに説明したとおり、この 2 つのコマンドで YNO に登録されます。

画面下にスクロールして「確認」ボタンをクリックすると、「確認」画面が表示されるため、「確定」ボタンをクリックすると設定が保存されます。

次は、外部メモリに保存するための初期コンフィグを、パソコンのメモ帳などで作成します。以下は、例です。

```
ip route default gateway pp 1
ip lan1 address 192.168.100.1/24
pp select 1
 pp always-on on
 pppoe use lan2
 pppoe auto disconnect off
 pp auth accept pap chap
 pp auth myname【ISP に接続するユーザー ID】【パスワード】
 ppp lcp mru on 1454
 ppp ipcp ipaddress on
 ppp ipcp msext on
```

```
 ppp ccp type none
 ip pp secure filter in 2000
 ip pp secure filter out 3000 dynamic 10 11 12
 ip pp nat descriptor 1
 pp enable 1
dns server pp 1
ip filter 2000 reject * *
ip filter 3000 pass * *
ip filter dynamic 10 * * domain
ip filter dynamic 11 * * www
ip filter dynamic 12 * * https
nat descriptor type 1 masquerade
yno use on
yno zero-config id text 【オペレーター ID】【プレース ID】【パスワード】
```

　PPPoEやIPマスカレードなど、インターネットに接続するための最低限の設定が入っています。最後のコマンドで、オペレーターIDはYNOにログインする時のIDです。プレースIDは、「CONFIGの新規作成」画面で設定したものです。YNOでコンフィグは複数作成しておけるため、ここで記述したプレースIDのコンフィグが反映されます。また、パスワードは「CONFIGの新規作成」画面でパスワードを設定した時だけ必要です。

　ファイル名は、config.txtで保存します。保存した初期コンフィグは、パソコンにUSBメモリを挿してコピーします。

　なお、初期コンフィグはYNOで管理もできます。

　「ルーター」→「ゼロコンフィグ」→「初期CONFIG一覧」の順に選択すると「初期CONFIG一覧」画面が表示されます。

■YNOの「初期CONFIG一覧」画面

　この画面で、「初期CONFIGの新規作成」ボタンをクリックするとコンフィグを記述する画面が表示されます。

■YNOの「初期CONFIGの新規作成」画面

　作成した初期コンフィグは「初期CONFIG一覧」に表示されるため、右端のアクショ
ンで「初期コンフィグを表示する」アイコンをクリックすると、コンフィグ自体が表示
されます。表示されたコンフィグは、選択してコピーもできます。

　初期コンフィグをパソコンに保存しておくと、どこに保存したかわからなくなりが
ちですが、YNOに登録しておくと、そのような心配もありません。

　これで、初期コンフィグを保存した外部メモリを、ルーターに挿して起動すると、
設定が反映されます。ONUにケーブルで接続していれば、YNOと通信して本番用の
コンフィグが自動で反映されます。

　本番用コンフィグの適用状況は、「CONFIG一覧」画面でプレースIDの右にある機
器情報欄のアイコンをクリックして確認できます。

■YNOの「CONFIGの適用結果」画面

もし、正常に動作しない場合、この画面で設定が反映されていないのか、反映されても正常に動作しないのか判断できます。

まず、初期コンフィグに間違いがあってYNOと通信できなかった場合は、一覧に表示されません。この場合、ケーブルが接続されていない、初期コンフィグが間違っているなどが原因として考えられます。

「CONFIG適用結果」は、本番のコンフィグを適用するところまで成功したかです。YNOと通信ができた場合でも、初期コンフィグの yno zero-config id text で設定するパスワードに間違いがあったりすると、「成功」にはなりません。

「コマンド実行結果」は、本番のコンフィグですべてのコマンドが実行できたかです。「CONFIG適用結果」が成功の時に、結果が表示されます。「失敗」の場合、横にボタンが表示されるためクリックすると、失敗したコマンドが確認できます。このため、失敗したコマンドを修正して、再度外部メモリを挿したまま再起動すれば、修正したコンフィグが反映されます。

4.9 YNOによるネットワーク統合管理　まとめ

- ●YNOを利用すれば、社内に監視サーバーを構築することなく、離れた場所からリモートでネットワーク機器を管理・監視できる。
- ●YNOでは、インターネットから社内への通信を許可する必要がないため、クラウドから安全に管理・監視ができる。
- ●ゼロコンフィグによって、初期導入のコストを削減し、多数の機器展開を素早く行うことができる。

4章のチェックポイント

問1　SNMPv3の特長は、何ですか？

a)　SNMPマネージャーと通信する。

b)　コミュニティ名を設定する。

c)　TRAPを送信する。

d)　VACMでアクセス制限できる。

問2　YNOのゼロコンフィグの特長を説明しているのは、どれですか？

a)　コンフィグを作成する必要がない。

b)　エンジニアの負担を軽減し、コスト削減になる。

c)　ONUと接続し、電源を入れれば本番の設定が反映される。

d)　どの本番用コンフィグを反映するかは、初期コンフィグに設定したオペレーターIDとパスワードで判断する。

解答

問1　正解は、d) です。

a) と **b)** は、SNMPv1とv2の特長です。**c)** は、SNMPv1、v2、v3すべてで送信できます。

問2　正解は、b) です。

a) は、ゼロコンフィグを使う場合でもコンフィグの作成は必要なため間違いです。**c)** は、USBメモリなどを使って初期コンフィグを反映させる必要があるため、間違いです。**d)** は、オペレーターIDとプレースID（パスワードではない）で反映させる設定を判断するため、間違いです。パスワードは、指定したプレースIDの設定を反映させる許可をするかどうかを決定します（パスワードが間違っていると、反映できません）。

5章

セキュリティ

ネットワークは、悪意ある人からの攻撃を受けることがあります。例えば、データを傍聴して悪用されたり、Webサイトのデータを改ざんされたりします。このようなことにならないためにも、セキュリティ対策は重要です。5章では、ネットワーク関連のセキュリティについて説明します。

5.1 セキュリティの基本

ネットワークを利用する上で、セキュリティは欠かせないものです。
本章では、セキュリティの基本について説明します。

5.1.1 情報セキュリティの7要素

情報セキュリティを考える上で、重要なポイントとして7要素が挙げられます。こ
れらは、JIS Q 27000で規定されています。

以前は、以下の3要素が情報セキュリティの3要素とされていました。

機密性 (Confidentiality)

許可された人だけアクセスできること。

対策例1：サーバーにログインする時、ID/パスワードで認証し、許可されたファイ
ルだけにアクセスできるようにする。

対策例2：パソコンを起動した時、ネットワークに接続するためにID/パスワード
で認証する。

完全性 (Integrity)

データが改ざんなどされていないこと。

対策例1：通信を暗号化して改ざんされないようにする。

対策例2：データに電子署名を付けて、改ざんが検知できるようにする。

可用性 (Availability)

必要なときにアクセスできること。

対策例1：サーバーを負荷分散でアクセスできるようにして、1台に障害が発生して
も継続して利用できるようにする。

対策例2：VRRPやリンクアグリゲーションを利用して、ネットワーク停止が極力発
生しないようにする。

しかしながら、クラウドやテレワークなどの普及と攻撃の多様化によって、これだけではセキュリティが確保できなくなってきました。このため、以下の4要素も重要となってきています。

真正性 (Authenticity)

アクセスできる人の特定を確実にすること。

対策例1：二段階認証でアクセスできる人を特定する。
対策例2：多要素認証でアクセスできる人を特定する。

責任追跡性 (Accountability)

セキュリティのトラブル(セキュリティインシデントと呼びます)が発生した時、追跡できるようにすること。

対策例1：ログを保存する。
対策例2：操作履歴(証跡と言います)を保存する。

信頼性 (Reliability)

システムが意図したとおりに動作すること。

対策例1：意図しない操作があった場合は、データが漏えいしない(安全サイドに動作することをフェールセーフと言います)設計にする。
対策例2：構築時の試験工程で、セキュリティに関連する項目を盛り込む。

否認防止 (Non-repudiation)

セキュリティインシデントが発生した時、責任の追跡をした後に否認できないようにすること。

対策例1：ログイン履歴に接続元のIPアドレスを記録し、操作履歴と組み合わせることで、確実に操作した人が特定できるようにする。
対策例2：計算機室にはカードをかざして入室するようにし、そのログを残すとともに防犯カメラでサーバーを操作している映像を記録する。

二段階認証とは、IDとパスワードで1回だけ認証するのではなく、もう1回認証を行うことです。異なるパスワードを2回入力させて認証することでも、二段階認証となります。
多要素認証は、二段階認証と同様に2回以上認証を行いますが、その認証の仕方が異なる方法をとります。例えば、IDとパスワードで認証すると、登録していたスマー

トフォンにワンタイムパスワード (1回だけ使えるパスワード)を送付します。このワンタイムパスワードを入力して、送付されたものと一致していれば認証成功とします。登録しているスマートフォンを持っていないと認証が難しいため、悪意ある人の認証を難しくします。

5.1.2　ゼロトラスト

　従来のネットワークでは、インターネットとの接続部分で防御すれば、組織内部(LAN側)は比較的安全と考えられてきました。これを、境界型防御と言います。

■境界型防御のしくみ

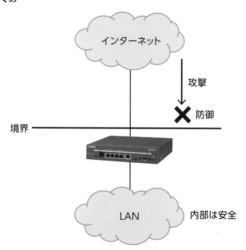

　境界型防御では、組織内のネットワーク(LAN)を使えるのは組織に所属する社員などが前提のため、使い勝手や技術・費用なども考慮して、社内のサーバーを使うのにIDとパスワードだけでもセキュリティが確保できているとしてきました。これは、社内のネットワークには、悪人がいないという性善説に基づいた発想です。

　しかしながら、メールなどからマルウェアの侵入を許し、LAN内部からマルウェアが蔓延してデータを盗まれたりすることも多くなってきました。また、クラウドの利用やテレワークの普及によって、インターネットからログインして会社のデータにアクセスできる環境も多くなってきました。

■ テレワークやクラウドを利用した環境

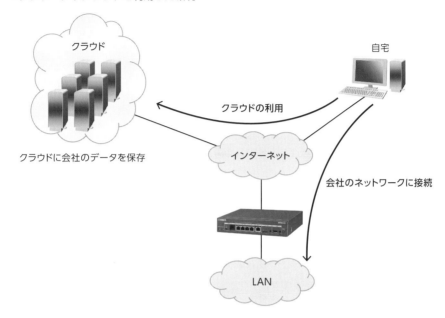

このような環境では、インターネットからクラウドや社内ネットワークにアクセスできるため、境界があいまいです。悪意ある人にインターネットからクラウドや社内ネットワークにアクセスされてしまうと、簡単にデータを盗まれてしまいます。

つまり、今までの LAN 側のネットワークは安全という考えから、安全なところはないという考えに変えなければ、セキュリティの確保が難しくなっています。これが、ゼロトラストの考えです。ゼロトラストは、信頼できるところはゼロという意味です。

ゼロトラストを実践する上で検討することは多いのですが、最も初歩的な検討項目としては真正性です。これまでは、社内の人が使う前提で、サーバーへのアクセスはID とパスワードで認証していたとします。しかし、悪意ある人が不正にアクセスしてくる可能性がある場合、多要素認証の導入も検討が必要です。この場合、複数のサーバー(もしくはクラウドのサービス)にアクセスするたびに認証していると使い勝手が悪くなるため、シングルサインオン(1回の認証だけで複数のサーバーやサービスが使える)の導入も合わせて検討が必要になってきます。

また、万一の不正アクセスに備えてログから影響範囲を特定したり、証跡によって責任追随性を確保したりすることが、より重要となります。

5.1.3 セキュリティ対策の基本

セキュリティは、以下の3つの対策が基本と言われています。

● **技術的対策**

技術によって、セキュリティ強化を行う対策です。対策例として、インターネットの接続部分で防御する、多要素認証を導入するなどがあります。

● **物理的対策**

物理的にシステムにアクセスできないようにして、セキュリティ強化を行う対策です。対策例として、入退室管理や防犯カメラなどがあります。

● **人的対策**

不正アクセスなどは、人のセキュリティ意識の低さや、手順ミスからまねくことも多くあります。例えば、メールの添付ファイルからマルウェアが蔓延することもあります。このようにならないために、人のセキュリティ意識を高めてセキュリティ強化を行う対策です。対策例として、セキュリティ教育を行う、マニュアルを整備するなどがあります。

それぞれの対策を行う上で、踏まえておく観点は以下3点と言われています。

● **防止**

不正なアクセスやマルウェアの侵入を許さないようにすることです。例えば、インターネット接続口で不要な通信を遮断する、セキュリティ教育を行って、セキュリティリスクを軽減するなどです。

● **検出**

防止できなかった時、次の対処として不正アクセスやマルウェアの侵入などを発見することです。ログ解析やウイルス対策ソフトの導入などが挙げられます。

● **対応**

セキュリティインシデントが発生した時、被害を最小限にするために対策することです。原因が不明な時にネットワークから切断するなどの一時的対応と、脅威を取り去って復旧させる本格対応があります。

セキュリティ対策として、防止に力を入れることも重要ですが、検出や対応も重要です。使い方も攻撃の方法も多様化している中、100%防御できるシステムは作れないのが実情だからです。

　検出が遅れて、自社のサーバーを踏み台にされて、他社にまで被害がおよぶと莫大な損害費用を請求される可能性があります。実際、検出されないまま、数カ月以上マルウェアが蔓延し続けたという例もたくさんあります。

　また、対応が遅れて数カ月システムが停止すると、会社自体の存続も危ぶまれるかもしれません。このようにならないよう、事前にセキュリティインシデントが発生した時のマニュアル整備も必要となっています。

　たとえ防止できなかったとしても、検出や対応を早くできるようにしておけば、被害は最小限に抑えることができます。完全な防止はできない前提で考えることが大切です。

5.1　セキュリティの基本　まとめ

- 情報セキュリティの3要素には、機密性、完全性、可用性がある。新要素として、真正性、責任追跡性、信頼性、否認防止の重要性が高まっている。
- 旧来の境界型防御だけでは十分なセキュリティ確保が困難で、ゼロトラストで検討する必要が出てきている。
- セキュリティ対策には技術的対策、物理的対策、人的対策があり、防止、検出、対応の観点で検討する必要がある。

5.2 入口対策

入口対策とは、インターネットの接続部分で、不要な通信を遮断したりして不正侵入されないようにすることです。入口対策は、境界型防御の基本です。

入口対策の対義語として、出口対策があります。出口対策は、たとえ侵入を許したとしても、データを外部に送信されたりしないように、検知して遮断したりします。

本章では、入口対策の技術的対策と、それを支える製品について説明します。

5.2.1 静的IPフィルタリング

静的IPフィルタリングは、定義した通信のみを遮断・許可する機能です。

例えば、インターネットから自社の公開Webサーバーへのアクセスを許可するとします。これは、宛先IPアドレスがWebサーバー、宛先ポート番号が80番の通信を許可しますが、戻りも許可が必要です。

■静的IPフィルタリングでインターネットからの通信を許可

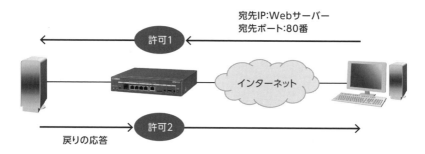

許可1:インターネットからWebサーバーへの通信は許可
許可2:Webサーバーからインターネットへの通信は許可

このように、静的IPフィルタリングは、行きと戻りの通信両方で許可が必要です。

5.2.2 動的 IP フィルタリング

動的 IP フィルタリングは、必要に応じて通信を許可する機能です。

例えば、社内のパソコンからインターネットへの通信を静的 IP フィルタリングで行うと、以下のような設定になります。

■静的IPフィルタリングでインターネットへの通信を許可

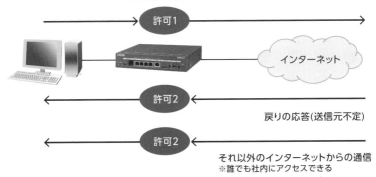

許可1:LANからインターネットへの通信は許可
許可2:インターネットからLANへの通信は許可

これは、インターネットから社内 LAN へのアクセスを自由に許可しているのと同じになってしまいます。

このため、動的 IP フィルタリングでは社内 LAN からインターネットへの通信を許可し、その応答のみインターネットからの通信を許可するといったことができます。

■動的IPフィルタリングのしくみ

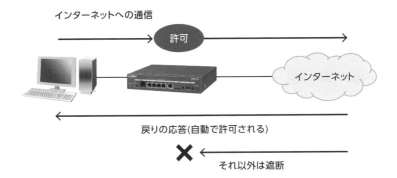

これは、社内 LAN からインターネットへ通信が発生した時 (この最初に開始される通信をトリガーと呼びます)、宛先 IP アドレス / ポート番号と送信元 IP アドレス / ポート番号などの組み合わせをルーターで記録しておいて、その戻りパケットと判断できるものだけ許可することで実現しています。

トリガーがインターネットから開始された場合は、通信が記録されていないため遮断されます。

5.2.3　SPI

SPI (Stateful Packet Inspection) も動的 IP フィルタリングと同じで、必要に応じて通信を許可します。

SPI では、IP アドレスやポート番号に加えて、通信が正常に行われているかも確認します。応答パケットで IP アドレスやポート番号が一致していても、ACK 番号 (パケットを受信したことを示す番号で通信が進むたびに増える) が正常でないと通信としては正常ではありません。このような通信は、許可しません。

また、通信では 1 つのセッションでポート番号が変わるものがあります。例えば、FTP は最初に 21 番ポート宛てで制御用コネクションを作り、次にデータ転送用として他のポート番号を使います。

■FTPの通信

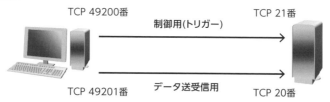

FTPには、2つのモードがあります。
アクティブモードでは、データ送受信用に20番を使います。
パッシブモードでは、パソコンとサーバー間で使うポート
番号を決めてからデータ送受信するため、変動します。

このような通信に対しても、21 番ポート宛ての通信を許可すれば、自動でデータ転送用のポート番号での通信も許可されます。つまり、SPI では通信のやりとりまで把握して、設定したポート以外も自動で許可することができます。逆に、最初からデータ送信用ポートを使って通信を開始した場合など、やりとりが正常でない場合は、通信が許可されません。

5.2.4　ファイアウォール

　ファイアウォールとは、LANとインターネットの境界で必要な通信を許可し、不要な通信を遮断する機能、または装置のことを言います。

■ファイアウォール

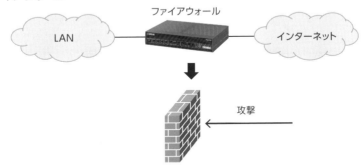

インターネットからの攻撃を防ぐ防火壁という
意味でファイアウォールと呼ばれます。

　通常は、SPIなどの機能を持っていて、定義した通信のみを許可します。

5.2.5　DMZ

　インターネットから内部のサーバーにアクセスを許可した場合、万一サーバーがのっとられると、社内ネットワークに自由に通信ができてしまいます。

　こうならないためには、別ネットワークを作って公開するサーバーを接続します。この別ネットワークをDMZ（DeMilitarized Zone：非武装地帯という意味）と言います。

　例えば、172.16.1.0/24と172.16.2.0/24の2つのサブネットを作ります。

　172.16.1.0/24を社内パソコンやサーバーが接続するサブネット、172.16.2.0/24をインターネットに公開するサーバー（Webサーバーなど）が接続するサブネットにします。この172.16.2.0/24がDMZになります。

■DMZ

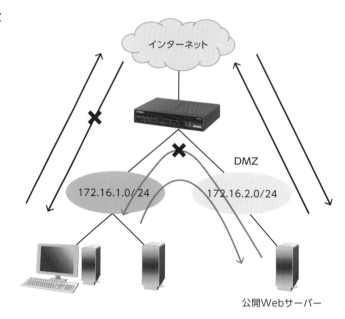

※172.17.1.0/24へは、インターネットからもDMZからも
　アクセスできないようにする。

　DMZへは必要な通信を許可しますが、172.16.1.0/24 への通信はインターネットか
らも DMZからも許可しないようにします。これで、万一公開サーバーがのっとられ
た場合でも、社内のネットワークへ簡単にアクセスできません。
　公開しない情報 (秘密情報など) は、必ず172.16.1.0/24 に接続されたサーバー側に
保存する必要があります。

5.2 入口対策　まとめ

- 通信を遮断・許可するしくみとして、静的IP フィルタリング、動的IP フィルタ
  リング、SPIがある。
- ファイアウォールは、SPIなどによって通信の遮断・許可を行う機能、または装
  置で、境界型防御では必須となっている。

TLSを使った暗号化

インターネットは、不特定多数の人が利用できるため、通信内容を傍受されたり改ざんされたりしないしくみが必要です。

本章では、TLS (Transport Layer Security) を使った暗号化について説明します。

5.3.1　TLS(SSL)

TLS (Transport Layer Security) は、サーバー証明書を利用してセキュリティを確保するプロトコルです。

サーバー証明書は認証局が発行しますが、発行する前に審査があるため、ドメインの正当な持ち主であることが保障されます。また、サーバー証明書を使って暗号化も行えます。

例えば、Web サーバーと通信する時に使う HTTPS (Hypertext Transfer Protocol Secure) は、TLSを使って暗号化していて、成りすましや改ざんなども防げます。

■HTTPSのしくみ

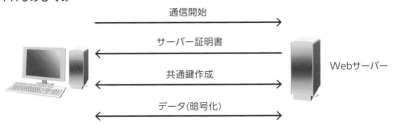

通信開始

サーバー証明書

共通鍵作成

データ(暗号化)

Webサーバー

パソコンから通信を開始すると、Web サーバーからサーバー証明書が送付されます。サーバー証明書を使って、暗号化した中でデータのやりとりをします。

TLSの前は、SSL (Secure Sockets Layer) というプロトコルを使っていました。SSLは、脆弱性が指摘されていて解読されたりするため、今では使われません。SSLの後継として TLS が策定されましたが、名前の名残として TLS で通信していても、SSLと呼ばれることがあります。

5.3.2 メールでの暗号化通信

メールの送受信で使われるプロトコルに SMTP (Simple Mail Transfer Protocol)、POP3 (Post Office Protocol version 3)、IMAP4 (Internet Message Access Protocol 4) があります。

SMTP

SMTP は、メールを送信する時に使うプロトコルです。パソコンでクライアントソフトを使ってメールサーバーへ送信する時も、メールサーバーからメールサーバーに転送する時も、SMTP が使われます。

■SMTPのしくみ

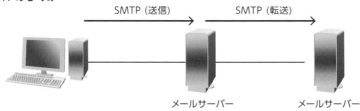

POP3

POP3 は、メールを受信する時に使うプロトコルです。POP3 ではサーバーにメールがあればパソコンに送るだけで、削除・未読・既読などの情報は、パソコンとサーバーの間で同期されていません。

IMAP4

　IMAP4 も、POP3 と同じでメールを受信する時に使うプロトコルです。IMAP4 は、POP3と違って削除・未読・既読などの情報が、パソコンとサーバーの間で同期されます。このため、パソコンで既読になったメールはサーバー側でも既読扱いになるため、スマートフォンで見た場合も既読になっています。

　これらのプロトコルは、データ改ざんを検知できませんし、暗号化もされていないため傍聴される危険もあります。このため、TLS を使って改ざん防止や暗号化できるようにしたのが、SMTPS、POP3S、IMAP4S です。

　メールを送受信する前に、メールサーバーからサーバー証明書が送られてきて、それを使って暗号化などしてメール送受信をします。

5.3　TLS を使った暗号化　まとめ

- ●インターネットで、通信の暗号化として良く使われるプロトコルに TLS がある。TLS は、サーバー証明書によって正当性の証明や暗号化を行う。
- ●TLS を使ってメールを送受信するプロトコルに SMTPS、POP3S、IMAP4S がある。

5.4　VPNのセキュリティ技術

　VPNは、インターネットのような不特定多数の人が使うネットワークで、安全な通信路を確保する技術です。

　2章で、事業所間を接続するIPsecの設定については説明しましたが、ここでは技術的な説明をします。

5.4.1　トンネリング

　VPNを支える技術の1つが、トンネリングです。トンネリングにより、元々のパケットにインターネットで使えるグローバルアドレスを追加(カプセル化)して送信することで、インターネットでルーティングできるようになります。受信側は、追加されたIPアドレスを外して、元々の宛先のIPアドレスと通信できるようにします。

■トンネリングのしくみ

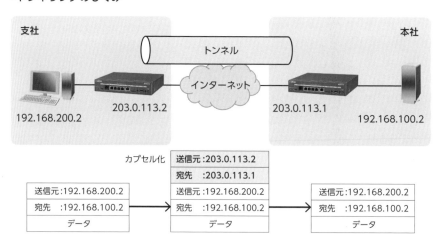

カプセル化によってトンネルを構築し、仮想的に相手ネットワークと直結します。これによって、パソコンやサーバーから見ると、本社のルーターと支社のルーターを直接接続した状態と同じになります。つまり、パソコンとサーバー間の通信でインターネットが途中にあっても、宛先IPアドレスをプライベートアドレスで指定できるという訳です。

5.4.2 IPsec

単純にトンネルで接続しただけでは認証も暗号化もしないため、インターネットで利用するのは危険です。このため、認証や暗号化が必要です。それを実現するのが、IPsecです。

■ IPsecのしくみ

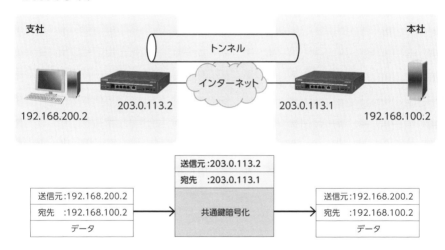

このように暗号化する場合は、ESPトンネルモードと呼ばれます。IPsecには暗号化しない方法もあって、AH (Authentication Header) トンネルモードと呼ばれます。AHトンネルモードは、認証は行います。

また、カプセル化せずにIPsec接続する方法もあり、トランスポートモードと言われます。トランスポートモードは、送信元と宛先が直接VPNで通信する時に使われます。

■トランスポートモード(ESP)のしくみ

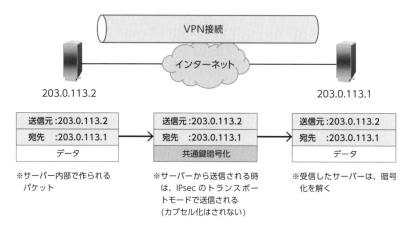

IPヘッダーは暗号化されず、そのまま送信されるパケットで使われています。これは、どちらのサーバーもグローバルアドレスを持っていて、そのままIPアドレスが使え、別途グローバルアドレスを持つIPヘッダーでカプセル化する必要がないためです。

トランスポートモードにも、暗号化するESPトランスポートモードと、暗号化しないAHトランスポートモードがあります。図は、ESPトランスポートモードの説明です。

つまり、IPsecには、以下4つのモードがあることになります。

■IPsecの4つのモード

モード	暗号化	カプセル化
ESP トンネルモード	する	する
AH トンネルモード	しない	する
ESP トランスポートモード	する	しない
AH トランスポートモード	しない	しない

5.4.3 IKE

IPsecは、2段階のフェーズにより接続を確立します。この2段階のフェーズを、IKE
と言います。

各フェーズの概要は、以下のとおりです。

● フェーズ1

接続相手の認証を行い、フェーズ2の通信路(ISAKMP SA: Internet Security
Association and Key Management Protocol Security Association)を確保する
ために暗号化方式などをやりとりします。認証は、事前共有鍵などを使います。

● フェーズ2

ISAKMP SAの中で、実際にデータをやりとりする通信路(IPsec SA)を確保するた
めの暗号化方式を取り決めたり、データの暗号化で使う共通鍵の作成をしたりし
ます。ISAKMP SAは、IPsec SAでの通信が開始された後も、そのまま残ります。
また、IPsec SAは片方向通信です。このため、双方向で通信するためには、IPsec
SAが2本確立されます。

■ ISAKMP SAとIPsec SAの通信路

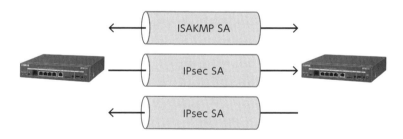

148ページ「2.8.6 IPsec接続の確認」で show ipsec sa による IPsecの接続確認結
果を表示していますが、ISAKMP SAが1つと IPsec SAで2つ (send と recv)が表示さ
れているのが確認できると思います。

ISAKMP SAによって、一定時間ごとに共通鍵の再作成が行えます。同じ共通鍵を使
い続けると解読される危険が増えますが、ISAKMP SAがあることで同じ共通鍵を使い
続けなくて済みます。

IKEにはバージョンがあります。IKEv1(バージョン1)とIKEv2(バージョン2)です。主な違いは、以下のとおりです。

・IKEv1にはメインモードとアグレッシブモードの区分けがありましたが、IKEv2にはそれがありません。どちらも同じ通信のやりとりを行い、IPsec SAを確立します。ただし、実際には動的IPアドレス側から固定IPアドレス側に接続を開始するという点では、同じです。
・IKEv2では、認証アルゴリズムや暗号化アルゴリズムを複数ネゴシエーションして、一番強度が高いアルゴリズムを選択することが容易にできるようになっています。

なお、IKEv1とIKEv2では互換性がないため、IKEv1を設定した機器とIKEv2を設定した機器でIPsecの通信はできません。

5.4 VPNのセキュリティ技術　まとめ

● VPNを支える技術にトンネリングがある。トンネリングは、グローバルアドレスでカプセル化することで実現している。
● IPsecには、ESPトンネルモード、AHトンネルモード、ESPトランスポートモード、AHトランスポートモードがある。
● IPsecでは、IKEによって送信用と受信用の2つの通信路(IPsec SA)を確保する。その際、共通鍵更新用としてISAKMP SAはそのまま残る。
● IKEには、IKEv1とIKEv2がある。

5.5 VPNの種類

VPNは、IPsecだけでなくさまざまな種類があり、用途によって使い分けが必要です。
本章では、VPNの種類について説明します。

5.5.1 インターネットVPNとVPNサービス

インターネットVPNとは、これまで説明してきたインターネットを経由して、IPsec
などで接続するVPNです。各組織でルーターなどを購入して構築します。

VPNサービスは、NTT東西などで提供するサービスです。インターネットVPNと
異なり、サービスを提供する会社が独自に構築したネットワーク(閉域網)を経由して
事業所間接続を行います。このため、インターネットVPNと比較して安定した通信が
望めます。

閉域網の中では、同じVPN(同じ組織など)に参加したルーターだけが事業所間で通
信可能になり、同じVPNに参加していない(他社など)場合は、通信できないしくみ
になっています。

■ VPNサービスのしくみ

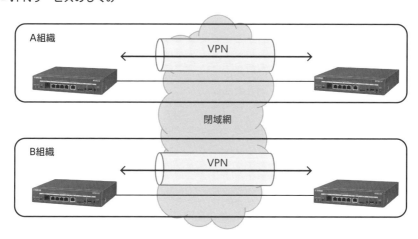

　VPNを構築するのはサービス提供側です。このため、利用者側はVPNを構築する必要がなく、事業所間を専用のケーブルで接続したように使えます。また、不明点があればサポートが受けられます。

　ただし、サービスなので月額費用が発生します。ルーターで閉域網と接続するための設定も必要です。

　以下は、インターネットVPNとVPNサービスの比較です。

■インターネットVPNとVPNサービスの比較

項目	インターネット VPN	VPN サービス
通信品質	インターネット環境による	比較的安定
VPN 構築	ユーザー自身	サービス提供側
セキュリティ	構築する VPN による (IPsec は比較的強固)	強固
月額費用	不要 ※	発生

※：インターネット接続費用は発生します。

　インターネットVPNは、インターネットに接続している環境でルーターにVPNの機能があれば、追加費用なしで事業所間接続ができます。

　VPNサービスは、比較的安定した通信をしたい場合に選択肢となります。

5.5.2　L3VPN と L2VPN

　VPNには、L3VPN (Layer3VPN) と L2VPN (Layer2VPN) という種類があります。

L3VPN

　L3VPNは、Layer3 が示すとおり OSI 参照モデルの3層目 (ネットワーク層) を VPN で提供します。つまり、事業所間を接続した時に、その間はルーティングによって通信が可能になります。このため、2 つの事業所で同じサブネットは使えません。

■L3VPNのしくみ

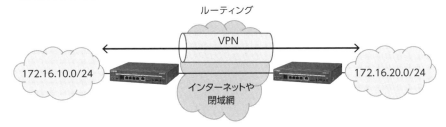

L3VPNは、インターネットVPNで実現することもできますし、VPNサービスを利用することもできます。

インターネットVPNで実現する場合、拠点間をIPsecで接続すればL3VPNとなります。

VPNサービスの例としては、NTT東西で提供しているフレッツVPNワイドがあります。フレッツVPNワイドに接続すれば、拠点間でL3VPNの接続が可能です。このような、L3VPNを提供するVPNサービスは各社から提供されていて、総称してIP-VPNと呼ばれます。

L2VPN

L2VPNは、Layer2が示すとおりOSI参照モデルの2層目(データリンク層)をVPNで提供します。つまり、事業所間を接続した時に、その間はルーティングを行いません。このため、2つの事業所で同じサブネットが使えます。

■L2VPNのしくみ

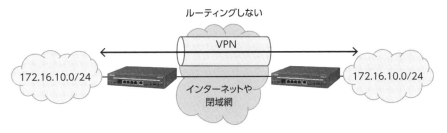

L2VPNも、インターネットVPNで実現することもできますし、VPNサービスを利用することもできます。

インターネットVPNで実現する場合、318ページ「5.5.5 L2TPV3による拠点間接続VPN」で説明するL2TPv3(Layer 2 Tunneling Protocol version3)/IPsecで接続すればL2VPNとなります。

　VPNサービスの例としては、NTT東西で提供しているビジネスイーサワイドがあります。ビジネスイーサワイドに接続すれば、拠点間でL2VPNの接続が可能です。このような、L2VPNを提供するVPNサービスも各社から提供されていて、総称して広域イーサネットと呼ばれます。

5.5.3　拠点間接続VPNとリモートアクセスVPN

　インターネットVPNには、拠点間接続VPNとリモートアクセスVPNがあります。
　拠点間接続VPNは、すでに説明したとおりIPsecなどで拠点間が通信できるようにするものです。
　リモートアクセスVPNは、インターネットに接続したパソコンなどから会社のネットワークに接続したりする時に使います。

■リモートアクセスVPN

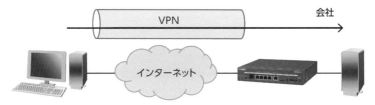

　リモートアクセスVPNの例としては、テレワークで会社のネットワークに接続するケースが挙げられます。
　リモートアクセスVPNを実現する方法として、L2TP/IPsecとSSL-VPNがあります。

L2TP/IPsec

L2TP/IPsecは、L2TPとIPsecを組み合わせた通信です。L2TPは、ユーザー認証のしくみとトンネリング機能を持っています。このため、L2TPだけでもIDとパスワード入力してリモートアクセスVPNが実現可能です。ただし、暗号化のしくみがありません。このため、IPsecで暗号化された中でL2TPの通信を行うのがL2TP/IPsecです。

IPsec自体は、トランスポートモードで動作します。

■L2TP/IPsecのしくみ

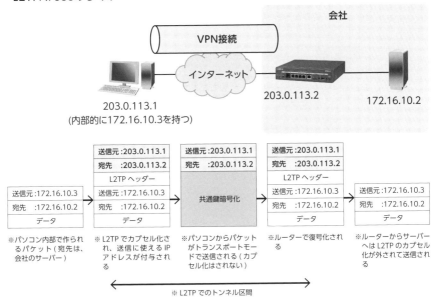

L2TPでカプセル化してトンネルを構築するため、IPsecではカプセル化が不要でトランスポートモードで動作するという訳です。

SSL-VPN

SSL-VPNは、TLSを使った暗号化によって実現するVPNです。Webサーバーとは、TLSで暗号化したHTTPSで通信すると説明しました。このHTTPSの中で暗号化して、認証やデータ通信を行います。

イメージとしては、WebサーバーにHTTPSで接続してログインするのと同じです。

■SSL-VPNのしくみ

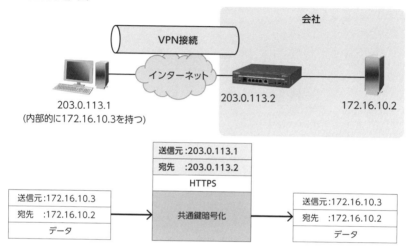

5.5.4 IPsecパススルーとNATトラバーサル

L2TP/IPsecでリモート接続する時、IPマスカレードが途中に介在すると問題になります。

自宅のパソコンが、直接インターネットと接続されていることはほとんどありません。つまり、パソコンには一般的にプライベートアドレスが設定されています。このため、インターネットと通信する時は、途中のルーターがIPマスカレードによって送信元をグローバルアドレスに変換しています。

IPマスカレードは、ポート番号まで含めて変換しますが、ESPはTCPでもUDPでもないため、ポート番号がありません。このため、変換がうまくいかずにL2TP/IPsecで通信できません。

この対応として、2つの方法があります。なお、SSL-VPNはESPではないため、この問題は発生しません。

IPsec パススルー

IPsecパススルーが有効な場合は、IPマスカレードを行うルーターが、ESPであればポート変換せずに透過させます。

■IPsecパススルーのしくみ

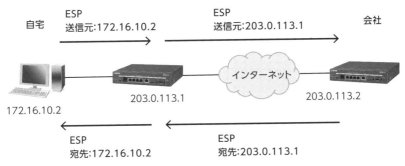

※ポート番号の変換はしない

このため、ISPから貸し出されたルーターでIPsecパススルーが有効な(もしくは設定で有効にできる)場合は、L2TP/IPsecが使えます。

NAT トラバーサル

NAT トラバーサルは、ESP で暗号化されたものを UDP のペイロードに入れて送信します。UDP であれば、ポート番号があるため IP マスカレードが正常に動作して L2TP/IPsec で通信が可能になります。

■NATトラバーサルのしくみ

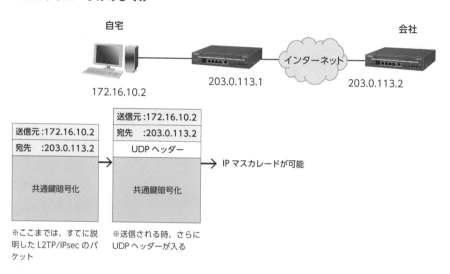

これは、自宅のルーター側には特別な機能は必要ありませんが、会社の L2TP/IPsec を提供するルーターで NAT トラバーサルを有効にする必要があります。また、パソコンでもルーターのメーカーが提供しているソフトウェアなどを利用して、NAT トラバーサルが使えるようにする必要があります。

5.5.5 L2TPv3による拠点間接続 VPN

リモートアクセス VPN で使われる L2TP/IPsec の L2TP は、L2TPv2(バージョン 2) です。L2TP には L2TPv3(バージョン 3) もあり、拠点間接続 VPN で使えます。

IPsec では、ルーティングテーブルを見て IPsec の tunnel インターフェースに送信する (相手拠点に送る) 必要がある時に、IP パケットを暗号化してカプセル化します。このため、2 つの拠点では同じサブネットが使えません (同じサブネットだと、ルーティングテーブルに相手の経路を反映できないため)。つまり、L3VPN となります。

L2TPv3 は、ルーティングテーブルに関係なく、フレーム自体をカプセル化します。

■L2TPv3のしくみ

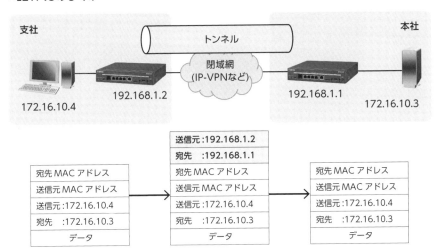

　このため、2つの拠点で同じサブネットを使ったネットワーク構成（つまり、L2VPN）が可能です。

　L2TPv3であれば、同じサブネットなのでL2MSも通るため、1拠点から他拠点のヤマハルーターやLANスイッチ、無線LANアクセスポイントを一括管理することもできます。

　L2TPv3自体に暗号化の機能はないため、IP-VPNなどの閉域網で利用します。また、L2TPv3をIPsecで暗号化して、インターネットVPNとして利用することもできます。

5.5　VPNの種類　まとめ

- VPNには、インターネットVPNと、通信事業者が提供するVPNサービス（閉域網）がある。
- ルーティングせずに拠点間を接続するVPNはL2VPN、ルーティングして拠点間を接続するVPNはL3VPNと呼ぶ。
- L2VPNを提供するVPNサービスは広域イーサネット、L3VPNを提供するVPNサービスはIP-VPNと呼ばれる。
- 拠点間を接続するVPNは拠点間接続VPNと言い、IPsecやL2TPv3がある。
- パソコンなどから拠点のネットワークに接続するVPNはリモートアクセスVPNと言い、L2TP/IPsecやSSL-VPNがある。
- L2TPv3を使うと、同じサブネットを持つ拠点間をVPN接続できる。

ポート認証機能

LAN スイッチでは、認証に成功したパソコンだけがネットワークを使えるようにできます。

本章では、ポート認証機能について説明します。

5.6.1　ポート認証機能の種類

ポート認証機能とは、パソコンにログイン時や通信開始時に認証を行い、成功した時だけ通信が許可されるしくみです。

認証を受け持つサーバーを認証サーバー、認証の中継を行い実際の通信を許可・遮断する機器をオーセンティケータ、認証を受ける機器をサプリカントと呼びます。

■ポート認証機能のしくみ

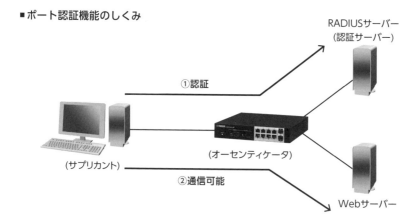

この図では、RADIUSサーバーが認証サーバー、LANスイッチがオーセンティケータ、パソコンがサプリカントになります。

ポート認証機能は、3種類あります。

- ● **IEEE 802.1X 認証**
  ソフトウェアを起動して、ユーザーIDとパスワードを入力するなどで認証します。
- ● **MAC 認証**
  通信フレームのMACアドレスを元に認証します。
- ● **Web 認証**
  Webサーバーに接続して、ユーザーIDとパスワードを入力して認証します。

次からは、それぞれの認証方法について説明します。

5.6.2　IEEE802.1X 認証

IEEE802.1X認証は、WindowsもMacOSも標準でサポートされています。IEEE802.1X認証を有効にしていると、パソコンの起動時にユーザーIDとパスワードの入力を求められます（もしくは、事前に設定しておきます）。その後、EAP（Extended Authentication Protocol）を送信し、LANスイッチが中継してRADIUSサーバーで認証が行われます。認証が成功すれば、ネットワークが利用可能になります。

■IEEE802.1X認証のしくみ

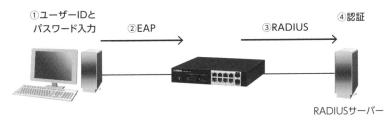

①ユーザーIDと　パスワード入力　　②EAP　　　　　③RADIUS　　　④認証

RADIUSサーバー

RADIUSサーバーには、利用者のユーザーIDとパスワードを登録しておく必要があります。

また、パソコンに証明書をインストールしておき、証明書で認証することもできます。

5.6.3 MAC 認証

パソコンからフレームを送信した時、LAN スイッチから RADIUS サーバーに MAC アドレスでの認証要求が送信され、認証が成功すればネットワークが利用可能になります。

■MAC認証のしくみ

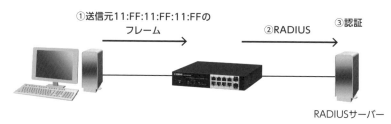

RADIUS サーバーには、利用可能な MAC アドレスをユーザーとして登録しておく必要があります。

5.6.4 Web 認証

パソコンから LAN スイッチの Web 画面 (Web 認証の画面) を開き、ユーザー ID とパスワードを入力します。LAN スイッチから RADIUS サーバーに Web 画面に入力された情報で認証要求が送信され、認証が成功すればネットワークが利用可能になります。

■Web認証のしくみ

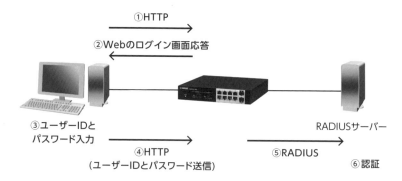

RADIUS サーバーには、利用者のユーザー ID を登録しておく必要があります。また、IEEE802.1X や MAC 認証と違って、パソコンから LAN スイッチに IP 通信できる必要があるため (HTTP は IP 通信)、固定で IP アドレスを設定するなど認証前に IP アドレスが設定されている必要があります。

5.6.5　ホストモード

　パソコンがオーセンティケータとなる LAN スイッチに直接接続されている場合は問題ありませんが、間にオーセンティケータとならない LAN スイッチがある場合は、ホストモードに気を付ける必要があります。

　以下のネットワークがあったとします。

■ホストモードを説明するためのネットワーク

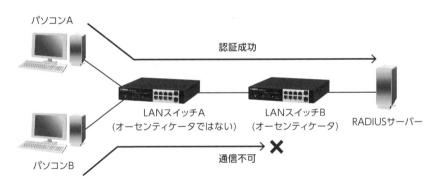

　この時、パソコン A で認証が成功すると、LAN スイッチ B はその MAC アドレスを覚えておき、暫くはその MAC アドレスを送信元とするフレームだけを許可したとします。この場合、パソコン B が通信できなくなってしまいます。この動きを変えるのがホストモードで、以下の3種類あります。

●シングルホストモード
最初に認証が成功したパソコンだけ使えるようにします。パソコンが直結されている時に選択します。
●マルチホストモード
最初に認証が成功すると、認証が成功したパソコン以外もネットワークが使えるようになります。

● マルチサプリカントモード

最初に認証が成功しても、他のパソコンはネットワークを使えませんが、そのパ
ソコンで認証が成功すれば使えるようになります。各パソコン単位で認証する方
法です。

マルチホストモードやマルチサプリカントモードで、オーセンティケータの先にポー
ト認証を使っていないLANスイッチを接続して、複数のパソコンをIEEE802.1X認証
する場合は留意点があります。

■オーセンティケータの先にLANスイッチがある場合

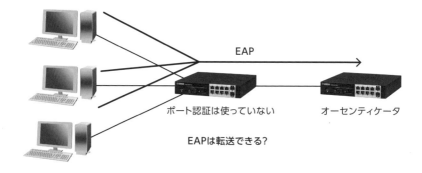

EAPを転送しないLANスイッチが多く、その場合はパソコンから送信されたEAP
を遮断してしまいます。この場合、認証が失敗します。

このため、EAPを転送できるLANスイッチを選択する必要があります。ヤマハでは、
SWX3220-16MTもSWX3100-10GもデフォルトでEAPが転送されます。

5.6.6 認証VLAN

ポート認証では、認証したユーザーごとに使えるVLANを変えることができます。これを、認証VLANといいます。

例えば、ユーザーAで認証した場合はLANスイッチがVLAN10を割り当て、ユーザーBで認証した場合はVLAN20が割り当てられるということができます。

■認証VLANのしくみ

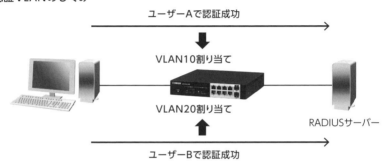

この場合、RADIUSサーバーで各ユーザーが使えるVLANを設定しておく必要があります。RADIUSサーバーは、認証の成功だけでなくVLANの情報も応答することで、LANスイッチがVLANを割り当てることができるようになります。

また、認証が失敗した時にゲストVLANを割り当てることもできます。その場合、認証が失敗しているので、利用できるネットワークをフィルタリングなどで制限するのが一般的です。

5.6 ポート認証機能　まとめ

- ●ポート認証には、IEEE802.1X認証、MAC認証、Web認証がある。
- ●ポート認証を構成する機器の役割として、認証サーバー、オーセンティケータ、サプリカントがある。
- ●認証VLANを使えば、ユーザーごとに異なるVLANを割り当てることができる。

5.7 ヤマハルーターの セキュリティ機能設定

ヤマハルーターが実装しているセキュリティ機能について、設定方法を説明します。

5.7.1 静的フィルターの設定

ヤマハルーターで静的 IP フィルタリングを行う時は、静的フィルターの設定をします。

以下のように、インターネットに接続された 203.0.113.10 と LAN 内に接続された 172.16.10.2 の間で通信を許可したいとします。

■静的フィルターの設定を説明するためのネットワーク

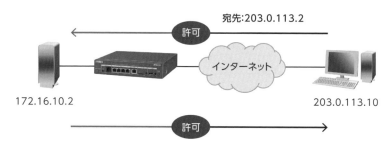

パソコンからは、宛先が 203.0.113.2 とグローバルアドレスで送られてくるため、途中でプライベートアドレスに変換するために NAT が介在します。その際の判定順序は、次のとおりです。

■NAT、静的フィルター、ルーティングの判定順序

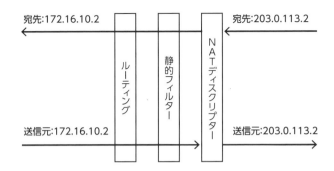

　この順序は、静的フィルターの設定を考える上で重要です。

　インターネットからの通信でも、インターネットへの通信でも、プライベートアドレスの時に静的フィルターは判定されます。これは、次で説明する動的フィルターでも同じです。

　これを踏まえた上で、説明した通信を許可する設定は以下のとおりです。

```
# ip filter 200000 pass 203.0.113.10 172.16.10.2
# ip filter 200010 pass 172.16.10.2 203.0.113.10
# pp select 1
pp1# ip pp secure filter in 200000
pp1# ip pp secure filter out 200010
```

　203.0.113.10から172.16.10.2宛てのパケットを、ppインターフェースに対してin(受信)で許可しています。インターネットから203.0.113.2宛ての通信は、NATで変換された後に静的フィルターが適用されるため、宛先をプライベートアドレスで指定しています。グローバルアドレスで指定しても許可されません。

　また、172.16.10.2から203.0.113.10宛てのパケットをout(送信)で許可しています。インターネットへの通信は、NATでアドレス変換される前に静的フィルターが適用されるため、送信元をプライベートアドレスで指定しています。

　許可されない通信は、暗黙の遮断で破棄されます。

ip filterは、以下のコマンド形式で、許可・遮断する通信を定義します。

> ip filter フィルター番号 許可・遮断 送信元 IP アドレス [/ マスク] [宛先 IP アドレス [/
> マスク] [プロトコル [送信元ポート番号 [宛先ポート番号]]]]

[ ] 内はオプションで、必須ではありません。それぞれの意味は、以下のとおりです。

■ip filterの設定内容

項目	説明
フィルター番号	管理番号で、1 から 21474836 までが使えます。重複しないように割り当てが必要です。
許可・遮断	pass で通信を許可、reject で通信を遮断します。
送信元 IP アドレス	送信元 IP アドレスです。
宛先 IP アドレス	宛先 IP アドレスです。
マスク	送信元や宛先をネットワークで指定する時に使います。IP アドレスとマスク (サブネットマスク) から計算して、そのサブネットの範囲内にある宛先や送信元すべてが対象になります。
プロトコル	tcp、udp、icmp、esp などが指定できます。
送信元ポート番号	送信元ポート番号です。www などと指定も可能です (www の場合は 80 番)。
宛先ポート番号	宛先ポート番号です。www などと指定も可能です。

　ポート番号まで含めたオプションを使う例として、203.0.113.0/24 から 172.16.10.2 へ TCP80 番宛ての通信を許可する設定例を以下に示します。

```
# ip filter 200000 pass 203.0.113.0/255.255.255.0 172.16.10.2 tcp *
80
```

ip pp secure filterは、以下のコマンド形式で、定義したフィルターをpp イ
ンターフェースにin（受信）で許可・遮断するか、out（送信）で許可・遮断するかを
定義します。

ip インターフェース名 secure filter 方向[静的フィルター番号][dynamic 動的フィ
ルター番号]

それぞれの意味は、以下のとおりです。

■ip インターフェース名 secure filterの設定内容

項目	説明
インターフェース名	lan2 や pp、vlan など、どのインターフェースに適用するかを設定します。
方向	設定するインターフェースで受信した時にフィルターするのであれば in、送信する時にフィルターするのであれば out を指定します。
静的フィルター番号	静的フィルターの番号です。スペースに続けて複数設定できます。
動的フィルター番号	動的フィルター (次章で説明) の番号です。スペースに続けて複数設定できます。

　静的フィルターでも動的フィルターでも、複数番号を指定した場合は先に記述した
番号が優先されます。例えば、ip pp secure filter in 1 2 と設定したとします。
この設定では、最初に1が判定されて破棄または許可となった場合、2 は判定されま
せん。1に一致しなかった時に2が判定されます。
　フィルターを適用していないインターフェースでは、すべての送受信が許可されま
す。

5.7.2 動的フィルターの設定

ヤマハルーターで SPI の動作をさせる時は、動的フィルターの設定をします。

設定方法ですが、以下のように社内 LAN からインターネットにあるすべての HTTP（Web サーバー）へのアクセスを許可したいとします。

■動的フィルターの設定を説明するためのネットワーク

設定は、以下のとおりです。

```
# ip filter dynamic 200010 172.16.10.0/24 * www    ①
# ip filter 200020 reject *                        ②
# pp select 1
pp1# ip pp secure filter out dynamic 200010        ③
pp1# ip pp secure filter in 200020                 ④
```

①ip filter dynamic 200010 172.16.10.0/24 * www
　　動的フィルターで、172.16.10.0/24 からの HTTP での通信を許可しています。

②ip filter 200020 reject *
　　すべての通信を遮断する静的フィルターの設定です。

③ip pp secure filter out dynamic 200010
　　インターネットへの通信（out）に対して、200010番を動的フィルターとして適用しています。

④ip pp secure filter in 200020
　　インターネットからの通信（in）に対して、200020番を静的フィルターとして適用してすべて遮断にしています。

③で、動的フィルターを out に適用している点は、ポイントです。トリガーの通信方向に合わせて適用する方向を設定します。これで、④でインターネットからのすべての通信を遮断していますが、戻りの通信は許可されます。

　ip filter dynamic は、以下のコマンド形式です。

ip filter dynamic　フィルター番号 送信元 IP アドレス [/ マスク] 宛先 IP アドレス [/
マスク] プロトコル

　それぞれの意味は、以下のとおりです。

■ip filter dynamicの設定内容

項目	説明
フィルター番号	管理番号で、1 から 21474836 までが使えます。重複しないように割り当てが必要です。
送信元 IP アドレス	トリガーとなる通信の送信元 IP アドレスです。
宛先 IP アドレス	トリガーとなる通信の宛先 IP アドレスです。
マスク	送信元や宛先をネットワークで指定する時に使います。そのサブネットマスクの範囲内にある宛先や送信元すべてが対象になります。
プロトコル	tcp、udp、ftp、tftp、domain、www、smtp、pop3、telnet、netmeeting などが指定できます。

　動的フィルターは、必ず送受信を許可するよう動作します。このため、遮断という定義はありません。

5.7.3　2章で構築したネットワークへのフィルター適用

　2章で構築したネットワークでは、フィルターを適用していません。このため、インターネットへの通信も、インターネットからの通信も透過してしまいます。

　これを、以下のように設定したいとします。

- インターネットからの通信はIPsecのみ許可
- SPIによって、インターネットへの通信はすべて許可

　設定は、以下のとおりです。

```
# ip filter 200010 pass * 172.16.10.1 udp * 500        ①
# ip filter 200011 pass * 172.16.10.1 esp
# ip filter 200012 pass * 172.16.0.0/24 icmp * *       ②
# ip filter 200199 pass *                              ③
# ip filter dynamic 200210 * * ftp
# ip filter dynamic 200211 * * domain
# ip filter dynamic 200212 * * www
# ip filter dynamic 200213 * * smtp
# ip filter dynamic 200214 * * pop3
# ip filter dynamic 200215 * * submission              ④
# ip filter dynamic 200216 * * ident
# ip filter dynamic 200217 * * echo
# ip filter dynamic 200218 * * tcp
# ip filter dynamic 200219 * * udp
# pp select 1
pp1# ip pp secure filter in 200010 200011 200012
pp1# ip pp secure filter out 200199 dynamic 200210 200211 200212
200213 200214 200215 200216 200217 200218 200219
```

①IPsecで使うIKEとESPをinでpassしているため、インターネットからの通信を静的フィルターで許可しています。

②ICMPのインターネットからの通信を許可しています。動的フィルターは、TCPとUDPだけで使えます。このため、これがないとLANからインターネットへのICMP（pingなど）で、戻りパケットが破棄されます。

③すべての通信をoutで許可しています。これにより、インターネットへの通信がすべて許可されます。

④SPIに対応するプロトコルを動的フィルターで許可しています。tcpとudpは、FTPなどプロトコル特有のやりとりまで判断はしませんが、TCPやUDPであれば通信を許可する指定になります。なお、ICMPはTCPでもUDPでもないため、この設定では許可されません。このため、②の設定が必要という訳です。

5.7.4 FQDN フィルターの設定

ヤマハルーターでは、静的フィルターや動的フィルターを設定する時に、送信元や宛先を IP アドレスではなく、FQDN で指定することができます。FQDN フィルターと呼びます。

設定例は、以下のとおりです。

```
# ip filter dynamic 200010 * www.example.com www
# ip filter dynamic 200010 * *.example.com www
```

1行目は、www.example.com サーバーへの通信を許可します。2行目は、example.com のドメインを持つすべてのサーバー (**example.com** の前の * がすべてを表します) への通信を許可します。

FQDN フィルターを使っていたとしても、実際の通信が発生した時はそのパケットの IP アドレスによって許可か遮断を判断します。この判断する時の IP アドレスは、設定した FQDN から DNS を利用して変換します。このため、ヤハマルーターが DNS を利用できる必要があります。

また、DNS は負荷分散のために、以下の 2 とおり (もしくは① + ②) の応答を得ることがあります。

① 複数の IP アドレスを得る。
② 異なる IP アドレスを得る。

DNS で常に 1 つの IP アドレスを回答すると、1 台のサーバーにアクセスが集中し、場合によってはサーバーで処理しきれなくなってしまいます。複数の IP アドレスや異なる IP アドレスを回答すれば、それぞれ別のサーバーにアクセスが行われるため、1 台のサーバーに負荷が集中しなくてすみます。

①は、いつどの DNS サーバーに問い合わせても、203.0.113.2 と 203.0.113.3 など複数の IP アドレスが回答されます。このため、ヤマハルーターは DNS で回答を得たすべての IP アドレスを許可・遮断します。

②は、問い合わせる DNS サーバーやタイミングによって、203.0.113.2 と回答されたり、203.0.113.3 と回答されたりします。

この場合、留意が必要です。ヤマハルーターが使う DNS サーバーと、パソコンが使う DNS サーバーが異なったとします。そうすると、同じ FQDN であっても、DNS で解決した IP アドレスが異なる可能性があります。このため、パソコンから送信するパ

ケットの宛先 IP アドレスと、ルーターで許可する宛先 IP アドレスは異なるので、許可設定をしていたとしても、実際には遮断されてしまいます。

■同じFQDNで異なるIPアドレスと認識している例

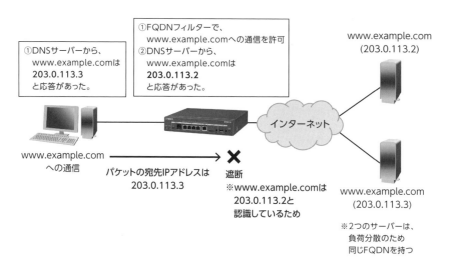

こうならないためには、パソコンで利用する DNS サーバーをヤマハルーターに設定するなど、パソコンとルーターで同じ FQDN に対しては同じ IP アドレスで認識するようにする必要があります。

そうすれば、図の例ではヤマハルーターは www.example.com を 203.0.113.2 と認識しているため、パソコンからの DNS 問い合わせに対して 203.0.113.2 を応答します。これで、パソコンは www.example.com へ通信する時、宛先を 203.0.113.2 としてパケットを送信し、ヤマハルーターで許可されます。

5.7.5 イーサネットフィルターの設定

ヤマハルーターでは、MAC アドレスによって遮断・許可を設定することもできます。イーサネットフィルターと呼びます。

設定例は、以下のとおりです。

```
# ethernet filter 1 reject-nolog 11:ff:11:ff:11:ff    ①
# ethernet filter 2 pass-nolog *                       ②
# ethernet lan1 filter in 1 2                           ③
```

① ethernet filter 1 reject-nolog 11:ff:11:ff:11:ff

MAC アドレスが 11:ff:11:ff:11:ff を送信元とするフレームは遮断する設定です。

② ethernet filter 2 pass-nolog *

MAC アドレスが 11:ff:11:ff:11:ff 以外を送信元とするフレームは許可する設定です。これがないと、すべての通信が遮断されます。

③ ethernet lan1 filter in 1 2

lan1 にフィルター番号 1 と 2 を適用しています。

①と②のコマンド形式は、以下のとおりです。

```
ethernet filter フィルター番号 許可・遮断 送信元 MAC アドレス [ 宛先 MAC アドレス ]
```

③のコマンド形式は、以下のとおりです。

```
ethernet インターフェース名 filter 方向 フィルター番号
```

方向は受信に対してであれば in、送信に対してであれば out を指定します。フィルター番号は、スペースで区切って複数記述できます。

5.7.6　マルチポイントトンネルの設定

マルチポイントトンネルとは、複数のIPsec接続先を仮想的に1つの接続先のように見せる機能です。

支店が複数あって本社を中心としてIPsecを接続する場合、これまでの1対1で設定するIPsecでは、以下のような接続になります。

■1対1でIPsecの設定をする場合の構成

この場合、本社側では支店の数だけIPsecの設定が必要です。また、支店が増えると本社側でIPsecの設定を追加する必要が出てしまいます。

マルチポイントトンネルで設定すると、以下のように多対多でIPsecを接続しているように見せることができます。

■マルチポイントトンネルでIPsec接続する場合の構成

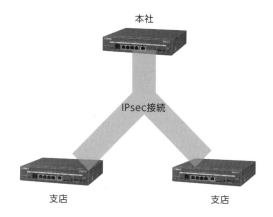

マルチポイントトンネルであれば、本社側でも1つのIPsec設定ですみます。

ただし、仮想的に接続先を1つに見せているだけなので、支店と支店の通信であれば、必ず本社を経由します。つまり、本社側のルーターやネットワークの負荷軽減を目的としては、使えません。

実際の設定についてですが、前提とするネットワークは以下とします。

■マルチポイントトンネルの設定を説明するための前提とするネットワーク

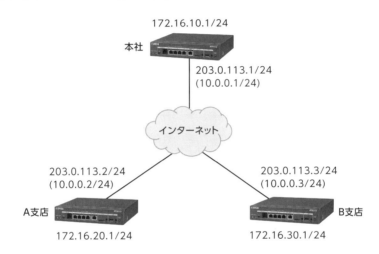

※()内は、トンネル設定上便宜的なIPアドレスです。
トンネルインターフェースのアドレスとして設定し、
ゲートウェイアドレスとして使います。

この時、本社ルーターをハブ・ルーター、支店ルーターをスポーク・ルーターと呼びます。

また、事前共有鍵などは、以下とします。

■マルチポイントトンネルの設定を説明する前提

項目	設定値
事前共有鍵	pass01
認証アルゴリズム	sha-hmac(SHA-1)
暗号アルゴリズム	aes-cbc(AES 128bit)

本社ルーターでの設定は、以下のとおりです。

```
# tunnel select 1
tunnel1# tunnel type multipoint server                      ①
tunnel1# tunnel multipoint local name honsya                ②
tunnel1# ipsec tunnel 101
tunnel1# ipsec sa policy 101 1 esp aes-cbc sha-hmac
tunnel1# ipsec ike keepalive log 1 off
tunnel1# ipsec ike keepalive use 1 on heartbeat
tunnel1# ipsec ike local address 1 172.16.10.1
tunnel1# ipsec ike pre-shared-key 1 text pass01
tunnel1# ipsec ike remote address 1 any
tunnel1# ipsec ike remote name 1 siten key-id               ③
tunnel1# ip tunnel address 10.0.0.1/24                      ④
tunnel1# ip tunnel tcp mss limit auto
tunnel1# tunnel enable 1
tunnel1# tunnel select none
# ip route 172.16.20.0/24 gateway 10.0.0.2          ⎫
# ip route 172.16.30.0/24 gateway 10.0.0.3          ⎬ ⑤
                                                    ⎭
```

これまで説明していないコマンドやポイントを、説明します。

① `tunnel type multipoint server`

マルチポイントトンネルであることを設定しています。また、ハブ・ルーターをサーバーに設定します。1台は、サーバーが必要です。デフォルトは、client です。

② `tunnel multipoint local name honsya`

自身の名前を honsya と設定しています。

③ `ipsec ike remote name 1 siten key-id`

接続してくるルーターの名前を設定します。すべてのスポーク・ルーターで同じ名前にすることで、1つの名前で接続が受け付けられます。②で設定する名前は、各ルーターを識別するものですが、ここで設定する名前は接続する側と接続される側で一致させるパスワードのような役目をします。

④ `ip tunnel address 10.0.0.1/24`

tunnel インターフェイスにプライベートアドレスを設定しています。これが、支店から見たゲートウェイアドレスになります。

⑤ `ip route 172.16.20.0/24 gateway 10.0.0.2`

`ip route 172.16.30.0/24 gateway 10.0.0.3`

各支店の経路へのゲートウェイアドレスとして、各支店ルーターで設定する tunnel インターフェイスのゲートウェイを設定しています。

A支店のルーターでの設定は、以下のとおりです。

```
# tunnel select 1
tunnel1# tunnel type multipoint                              ①
tunnel1# tunnel multipoint local name sitenA
tunnel1# tunnel multipoint server 1 203.0.113.1             ②
tunnel1# ipsec tunnel 101
tunnel1# ipsec sa policy 101 1 esp aes-cbc sha-hmac
tunnel1# ipsec ike keepalive log 1 off
tunnel1# ipsec ike keepalive use 1 on heartbeat
tunnel1# ipsec ike local address 1 172.16.20.1
tunnel1# ipsec ike pre-shared-key 1 text pass01
tunnel1# ipsec ike local name 1 siten key-id                ③
tunnel1# ip tunnel address 10.0.0.2/24
tunnel1# ip tunnel tcp mss limit auto
tunnel1# tunnel enable 1
tunnel1# tunnel select none
# ip route 10.0.0.3 gateway 10.0.0.1
# ip route 172.16.10.0/24 gateway 10.0.0.1                  ④
# ip route 172.16.30.0/24 gateway 10.0.0.1
```

①tunnel type multipoint

マルチポイントトンネルであることを設定しています。スポーク・ルーターなので、serverの指定はしません。

②tunnel multipoint server 1 203.0.113.1

serverの指定をしたルーターのIPアドレスを設定します。このIPアドレスに対して接続を開始します。つまり、支店側から接続を開始するアグレッシブモードで動作します。

③ipsec ike local name 1 siten key-id

ハブ・ルーターで設定した名前(siten)と一致させます。この名前は、B支店でも同じ名前にします。

④ip route 10.0.0.3 gateway 10.0.0.1

ip route 172.16.10.0/24 gateway 10.0.0.1

ip route 172.16.30.0/24 gateway 10.0.0.1

本社、B支店の経路へのゲートウェイアドレスとして、本社のtunnelインターフェースに設定した10.0.0.1を設定しています。

ポイントは、④の静的ルーティングの設定です。A支店から見ると、B支店のゲートウェイは10.0.0.3に思えるかもしれませんが、直接は通信できません。本社経由で

の通信になります。このため、ゲートウェイを 10.0.0.1 にする必要があります。

　B 支店のルーターは、IP アドレスを変える必要がありますが、A 支店のルーターと設定はほとんど同じです。

5.7.7　IPsec(IKEv2) の設定

　ヤマハルーターは、IKEv2 にも対応しています。2 章の 144 ページ「2.8.4 メインモードの設定」で設定した IPsec の設定を、IKEv2 で設定した場合は以下のようになります。

```
# tunnel select 1
tunnel1# ipsec tunnel 101
tunnel1# ipsec sa policy 101 1 esp                                    ①
tunnel1# ipsec ike version 1 2                                        ②
tunnel1# ipsec ike keepalive log 1 off
tunnel1# ipsec ike keepalive use 1 on heartbeat 10 6
tunnel1# ipsec ike local name 1 yamaha-vpn01.aa0.netvolante.jp fqdn
                                                                      ③
tunnel1# ipsec ike pre-shared-key 1 text pass01
tunnel1# ipsec ike remote name 1 yamaha-vpn02.aa0.netvolante.jp fqdn
                                                                      ④
tunnel1# ip tunnel tcp mss limit auto
tunnel1# tunnel enable 1
tunnel1# tunnel select none
# ipsec auto refresh on
# ip route 192.168.100.0/24 gateway tunnel 1
```

　IKEv1 の設定と違うところだけ説明します。

① `ipsec sa policy 101 1 esp`
　IKEv2 では、装置でサポートしている認証アルゴリズムと暗号アルゴリズムの中から自動で一番強固なアルゴリズムが選択されるため、`aes-cbc` や `sha-hmac` などの指定が不要です。

② `ipsec ike version 1 2`
　IKEv2 を使うことを設定しています。最初の 1 が tunnel インターフェースの番号で、次の 2 が IKE のバージョンです。

③ `ipsec ike local name 1 yamaha-vpn01.aa0.netvolante.jp fqdn`
　自分側のネットボランチ DNS で取得している FQDN を設定しています。

④ipsec ike remote name 1 yamaha-vpn02.aa0.netvolante.jp fqdn
相手側のネットボランチ DNS で取得している FQDN を設定しています。

　基本的な設定は、IKEv1 と同じということがわかると思います。③と④を IP アドレスで設定する場合は、以下のようにします。

　③ipsec ike local name 1 203.0.113.1 ipv4-addr
　④ipsec ike remote name 1 203.0.113.2 ipv4-addr

　③で自分の WAN 側 IP アドレス、④で相手の WAN 側 IP アドレスを指定します。
　この時、相手側が動的に変わる IP アドレスの場合は、2 章で設定したように④を
ipsec ike remote name 1 siten key-id に変えて設定します。こちら側が動的に
変わる場合は、③を ipsec ike local name 1 siten key-id に変えて設定すれば、
IKEv2 で接続します。
　支店側ルーターでは、③と④の FQDN 指定が逆になりますし、静的ルーティングも
172.16.0.0/16 に対して設定する必要がありますが、設定内容は同じです。
　設定後に show ipsec sa gateway 1 detail コマンドで確認すると、IKEv2 で接
続されていることや利用しているアルゴリズムなど、多くの情報が得られます。

```
# show ipsec sa gateway 1 detail
SA[1] 状態：確立済 寿命：28775 秒
プロトコル：IKEv2
ローカルホスト：203.0.113.2:62465
リモートホスト：203.0.113.1:62465
暗号アルゴリズム：AES256_CBC          PRF       ：HMAC_SHA2_256
認証アルゴリズム：HMAC_SHA2_256_128  DH グループ：MODP_1024

※以下、続く
```

5.7.8　L2TP/IPsec の設定

　ヤマハルーターはリモートアクセス VPN として、L2TP/IPsec をサポートしています。

　インターネットから L2TP/IPsec の接続を受け付ける設定を説明します。前提とする設定内容は、以下のとおりです。

■ L2TP/IPsecの設定を説明する前提

項目	設定値
事前共有鍵	pass01
認証アルゴリズム	sha-hmac(SHA-1)
暗号アルゴリズム	aes-cbc(AES 128bit)
ユーザー	vpn-user
パスワード	pass00

　ユーザーとパスワードは、リモートアクセスするユーザー単位に複数設定可能です。

　設定は、以下のとおりです。

```
# ip lan1 proxyarp on                                      ①
# pp select anonymous                                      ②
anonymous # pp bind tunnel1                                ③
anonymous # pp auth request mschap-v2                      ④
anonymous # pp auth username vpn-user pass00               ⑤
anonymous # ppp ipcp ipaddress on                          ⑥
anonymous # ppp ipcp msext on                              ⑦
anonymous # ppp ccp type none                              ⑧
anonymous # ip pp remote address pool dhcp                 ⑨
anonymous # ip pp mtu 1258                                 ⑩
anonymous # pp enable anonymous                            ⑪
anonymous # pp select none
# tunnel select 1
tunnel1# tunnel encapsulation l2tp                         ⑫
tunnel1# ipsec tunnel 101
tunnel1# ipsec sa policy 101 1 esp aes-cbc sha-hmac
tunnel1# ipsec ike keepalive use 1 off                     ⑬
tunnel1# ipsec ike nat-traversal 1 on                      ⑭
tunnel1# ipsec ike pre-shared-key 1 text pass01
tunnel1# ipsec ike remote address 1 any                    ⑮
tunnel1# l2tp tunnel disconnect time off                   ⑯
```

```
tunnel1# ip tunnel tcp mss limit auto
tunnel1# tunnel enable 1
tunnel1# tunnel select none
# ipsec auto refresh on
# ipsec transport 1 101 udp 1701                          ⑰
# l2tp service on                                         ⑱
```

① ip lan1 proxyarp on

LAN 側の機器から、リモートアクセスしてきた機器の MAC アドレスを ARP 解決しようとしても、実際にはルーターの外にいるためできません。本コマンドで ProxyARP を有効にすると、ルーターが代理応答して自身の MAC アドレスを教えるため、ルーターを介した通信が可能になります。

② pp select anonymous

L2TP/IPsec は、pp インターフェースで接続を受け付けます。pp select 2 などとすると、特定の IP アドレスだけ接続できます。不特定の IP アドレス (複数のパソコン) から受け付ける場合は、anonymous を選択します。これで、コマンドプロンプトが変わります。

③ pp bind tunnel1

使用する tunnel インターフェースと pp anonymous インターフェースの関連付けを行います。L2TP/IPsec では IPsec で使う tunnel インターフェースと pp インターフェースを併用しますが、このコマンドは、両者の関連付けを行うために必要です。

④ pp auth request mschap-v2

これは、L2TP/IPsec が認証に使用するプロトコルを指定するための記述です。もっとも安全性が高い MSCHAPv2 を指定しています。

⑤ pp auth username vpn-user pass00

ユーザー認証に使用するユーザー ID とパスワードを作成するためのものです。複数作成できます。

⑥ ppp ipcp ipaddress on

IPCP (Internet Protocol Control Protocol) を使用して、接続元の IP アドレスを送信するための指定です。

⑦ ppp ipcp msext on

IPCP の Microsoft 拡張オプションを使用するための指定です。これにより、接続元に対して DNS サーバーなどの IP アドレス情報を渡せるようになります。

⑧ ppp ccp type none

圧縮などをしないことを指定しています。

⑨ `ip pp remote address pool dhcp`

接続元が LAN 側で使用する IP アドレスを、ルーターの DHCP サーバー機能によって割り当てるための設定です。「`ip pp remote address pool 192.168.100.100`」といった具合に、特定の IP アドレスを割り当てることもできます。anonymous 接続の場合、1 つの設定で同時に複数の接続ができるため、スペースで区切って複数の IP アドレスを指定したり、192.168.100.100-192.168.100.104 のように範囲指定したりできます。

⑩ `ip pp mtu 1258`

tunnel インターフェースを通過する TCP セッションに対して、MTU を制限するものです。L2TP でカプセル化されるため、通常より MTU が小さくなります。

⑪ `pp enable anonymous`

ここまで設定してきた値を適用して、pp インターフェースを有効化します。

⑫ `tunnel encapsulation l2tp`

L2TP で tunnel インターフェースを使う設定です。L2TP がトンネルを構築するためです。デフォルトは、ipsec です。

⑬ `ipsec ike keepalive use 1 off`

IPsec 接続を維持できているかどうかの監視をしない設定です。L2TP/IPsec は、常時接続ではないためです。

⑭ `ipsec ike nat-traversal 1 on`

必要に応じて自動で NAT トラバーサルが有効になります。

⑮ `ipsec ike remote address 1 any`

リモートアクセスを受け付ける IP アドレスを設定しますが、どこからでも接続できるよう any を設定しています

⑯ `l2tp tunnel disconnect time off`

無通信時に自動切断されないよう、off にしています。

⑰ `ipsec transport 1 101 udp 1701`

tunnel インターフェースの番号と IPsec の番号に対して、UDP の宛先 1701 番 (L2TP) であれば、トランスポートモードで動作することを設定しています。

⑱ `l2tp service on`

L2TP を有効にします。

L2TP/IPsecの設定をした場合、NATディスクリプターやフィルター設定の追加が必要です。以下は、例です。

```
# nat descriptor masquerade static 1000 1 172.16.10.1 udp 500
# nat descriptor masquerade static 1000 2 172.16.10.1 esp
# nat descriptor masquerade static 1000 3 172.16.10.1 udp 4500
# nat descriptor masquerade static 1000 4 172.16.10.1 udp 1701
# ip filter 200100 pass * 172.16.10.1 udp * 500
# ip filter 200101 pass * 172.16.10.1 esp * *
# ip filter 200102 pass * 172.16.10.1 udp * 4500
# ip filter 200103 pass * 172.16.10.1 udp * 1701
```

IKE(UDP 500番)、ESP、NATトラバーサル(UDP 4500番)、L2TP(UDP 1701番)で静的IPマスカレードを設定し、静的フィルターで許可するようにしています。

インターフェースに適用する設定も、別途必要です。

なお、L2TP/IPsecで接続してくる端末の接続先は、ルーターのインターネット側IPアドレスになります。もし、動的に変わるIPアドレスの場合は、接続のたびにIPアドレスが変わる可能性があります。その対応として、ネットボランチDNSに登録しておけば、FQDNを指定して接続できます。

5.7.9　リモートアクセス VPN で接続する端末の設定

L2TP/IPsec でリモートアクセスするための手順を、Windows 11 を例に説明します。
　画面中央下にある「スタート」ボタンを右クリックした後、「ネットワーク接続」を
選択します。

■Windows 11のスタートボタン→「ネットワーク接続」

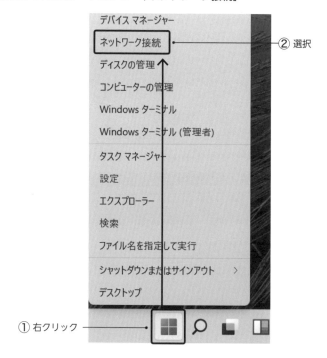

　表示された画面で、「VPN」→「VPN を追加」の順に選択すると、以下の画面が表示
されます。

■Windows 11の「VPN接続を追加」画面

設定項目の説明は、以下のとおりです。

■VPN接続を追加の設定項目

VPN プロバイダー	Windows(ビルトイン) を選択します。
接続名	わかりやすい名前を付けます。
サーバー名またはアドレス	ルーターのインターネット側 IP アドレスです。ネットボランチ DNS を利用していた場合は、取得した FQDN を設定します。
VPN の種類	" 事前共有キーを使った L2TP/IPsec" を選択します。
事前共有キー	L2TP/IPsec の設計で説明した事前共有鍵です。設計どおりであれば、pass01 になります。
サインイン情報の種類	" ユーザー名とパスワード " を選択します。
ユーザー名 (オプション)	L2TP/IPsec の設計で説明したユーザー名です。設計どおりであれば、vpn-user になります。
パスワード (オプション)	L2TP/IPsec の設計で説明したパスワードです。設計どおりであれば、pass00 になります。

「保存」ボタンをクリックすると、以下のようにVPN接続が作成されているため、「接続」ボタンをクリックすればVPN接続します。

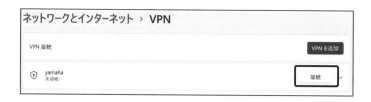

IPアドレスなどは自動で割り振られるため、すぐに接続先のネットワークが利用できます。

切断するときは、この画面の「接続」部分が「切断」になっているため、クリックすれば切断できます。

5.7.10　L2TPv3の設定

ヤマハルーターでは、L2TPv3をサポートしています。設定を説明するための前提とするネットワークは、以下とします。

■L2TPv3の設定を説明するための前提となるネットワーク

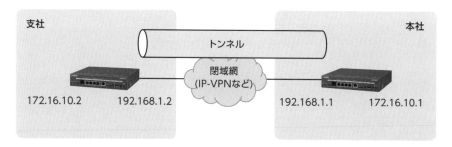

IP-VPNでは、WAN側に固定のIPアドレスが割り当てられたとします。それを、L2TPv3で接続するためのIPアドレスとして使います。

また、L2TPv3 での設定内容は、以下を前提とします。

■L2TPv3の設定を説明する前提

項目	設定値
L2TPv3 認証パスワード	pass01
本社ルーターの ID	172.16.10.1
支店ルーターの ID	172.16.10.2
エンド ID	pass01

L2TPv3 認証パスワードとエンド ID は、双方のルーターで同じ値にする必要があります。

本社ルーターの設定は、以下のとおりです。なお、閉域網なのでフィルター設定は行っていない前提です。

```
# ip bridge1 address 172.16.10.1/24                              ①
# bridge member bridge1 lan1 tunnel1                             ②
# tunnel select 1
tunnel1# tunnel encapsulation l2tpv3-raw                         ③
tunnel1# tunnel endpoint address 172.16.10.1 192.168.1.2        ④
tunnel1# l2tp tunnel auth on pass01                              ⑤
tunnel1# l2tp tunnel disconnect time off                        ⑥
tunnel1# l2tp keepalive use on 60 3                              ⑦
tunnel1# l2tp hostname routerA                                   ⑧
tunnel1# l2tp local router-id 172.16.10.1                        ⑨
tunnel1# l2tp remote router-id 172.16.10.2                       ⑩
tunnel1# l2tp remote end-id pass01                               ⑪
tunnel1# ip tunnel tcp mss limit auto
tunnel1# tunnel enable 1
tunnel1# tunnel select none
# l2tp service on l2tpv3                                          ⑫
# nat descriptor masquerade static 1000 1 172.16.10.1 udp 1701   ⑬
```

① **ip bridge1 address 172.16.10.1/24**

bridge1 インターフェースの IP アドレスを設定しています。

② **bridge member bridge1 lan1 tunnel1**

LAN1 と tunnel1 インターフェース間で、ブリッジ機能を使って送受信することを設定しています。これによって、LAN1 と tunnel1 間はルーティングせずに通信が可能になります。

③ **tunnel encapsulation l2tpv3-raw**

tunnel インターフェースの種別を L2TPv3 に設定しています。

④ **tunnel endpoint address 172.16.10.1 192.168.1.2**

tunnel インターフェースの自分側 IP アドレスと、相手側 IP アドレスを設定しています。IPsec では、**ipsec ike local address** と **ipsec ike remote address** で設定しますが、L2TPv3 ではここで設定します。

⑤ **l2tp tunnel auth on pass01**

L2TPv3 で認証に使うパスワードを pass01 に設定しています。

⑥ **l2tp tunnel disconnect time off**

無通信時に L2TPv3 が切断することを off にしています。

⑦ **l2tp keepalive use on 60 3**

L2TP 接続を監視する設定です。60 は監視間隔 (秒)、3 が試行回数です。ここでは、60 秒間隔で監視し、3 回失敗すると接続が維持できないと判断します。

⑧ **l2tp hostname routerA**

本社ルーターの名前を routerA と設定しています。

⑨ **l2tp local router-id 172.16.10.1**

本社のルーター ID を IP アドレスで設定しています。必ずしも自身に設定された IP アドレスである必要はありませんが、相手側で設定した **l2tp remote router-id** の IP アドレスと一致している必要があります。

⑩ **l2tp remote router-id 172.16.10.2**

支店側のルーター ID を設定しています。

⑪ **l2tp remote end-id pass01**

L2TPv3 のエンド ID を pass01 に設定しています。接続先と一致させる必要があります。

⑫ **l2tp service on l2tpv3**

L2TPv3 を動作させる設定です。

⑬ **nat descriptor masquerade static 1000 1 172.16.10.1 udp 1701**

L2TPv3 は L2TPv2 と同じで UDP 1701 番を使っているため、静的 IP マスカレードを設定しています。

支店側でも、IP アドレスやルーター ID は変える必要がありますが、設定内容は同じです。

ブリッジ機能とは、次のように LAN1 と tunnel1 の間でルーティングせずに通信させる機能です。また、ルーティング機能との間で通信するために、bridge1 インターフェースに IP アドレスを設定します。

■ブリッジ機能のしくみ

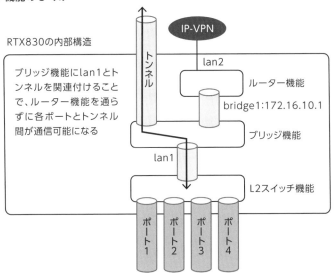

　接続状態は、show status l2tp コマンドで確認できます。

```
# show status l2tp
------------------ L2TP INFORMATION ------------------
L2TP 情報テーブル
  L2TP トンネル数：1, L2TP セッション数：1
TUNNEL[1]:
  トンネルの状態：established
  バージョン：L2TPv3
  自機側トンネル ID：4177
  相手側トンネル ID：25548
  自機側 IP アドレス：172.16.10.1
  相手側 IP アドレス：192.168.1.2
  自機側送信元ポート：1701
  相手側送信元ポート：1701
  ベンダ名：YAMAHA Corporation
  ホスト名：routerA
  Next Transmit sequence(Ns): 6
  Next Receive sequence(Nr) : 4
```

```
トンネル内のセッション数： 1 session
セッション情報：
  セッションの状態： established
  自機側セッション ID： 63288
  相手側セッション ID： 46810
  Circuit Status 自機側 :UP  相手側 :UP
  通信時間： 2 分 47 秒
  受信： 119 パケット [12295 オクテット ]
  送信： 213 パケット [54092 オクテット ]
```

　なお、ping で通信確認する時、ルーター A から 172.16.10.2、ルーター B に接続されたパソコンから 172.16.10.1 など、ルーターが関連する IP アドレスが送信元になっても、宛先になっても応答はしません。その先に接続された機器間で通信確認を行う必要があります。

5.7　ヤマハルーターのセキュリティ機能設定　まとめ

- ●ヤマハルーターでは、静的フィルターと動的フィルターがある。動的フィルターは、プロトコルを指定して SPI で動作させることができる。
- ●マルチポイントトンネルの設定では、ハブ・ルーター側で 1 つのトンネルインターフェースの設定を行えば、複数のルーターと VPN 接続できる。
- ●L2TP/IPsec では、IPsec をトランスポートモードに設定する。
- ●L2TPv3 では、ブリッジ機能を利用してルーティングせずに拠点間の通信が可能になる。

5.8 ヤマハLANスイッチの セキュリティ機能設定

ヤマハLANスイッチが実装しているセキュリティ機能について、設定方法を説明します。

5.8.1 IPv4アクセスリストの設定

ヤマハLANスイッチでは、静的IPフィルタリングをサポートしています。静的IPフィルタリングは、ACL（Access Control List）で対象のIPアドレスを設定し、ポートに適用するという手順で行います。

ACLの設定では、ワイルドカードマスクを使います。例えば、IPアドレスが172.16.10.0でサブネットマスクが255.255.255.0の場合、含まれるIPアドレスの範囲は172.16.10.0から255になります。これを表す時のワイルドカードマスクは、0.0.0.255になります。サブネットマスクとは、0と255の場所が逆になっています。

ワイルドカードマスクは、2進数に変換した後に以下のようなチェックを行います。

- **ビットが0の部分**：設定したIPアドレスと、実際の通信パケットのIPアドレスが同じかをチェックします。
- **ビットが1の部分**：チェックしません。

1つ例を挙げます。送信元としてIPアドレス172.16.10.128、ワイルドカードマスクを0.0.0.127に設定したとします。また、実際の通信で送信元IPアドレスが172.16.10.193だったとします。それを、すべて2進数に変換すると、以下になります。

■IPアドレスとワイルドカードマスクを2進数に変換

項目	2進数
172.16.10.128	**10101100.00010000.00001010.1**0000000
0.0.0.127	00000000.00000000.00000000.01111111
172.16.10.193	**10101100.00010000.00001010.1**1000001

チェックするのは、ワイルドカードマスクが0に該当する太字で指定した部分です。172.16.10.128と172.16.10.193では、太字で指定した部分が一致しているため、172.16.10.193はACLに一致していると判定されます。

実際の設定ですが、172.16.10.2から172.16.20.0/24への通信、172.16.10.2から172.16.30.2への通信をport1.1で受信した時に許可し、それ以外は遮断したいとします。

■IPv4アクセスリストの設定を説明するための構成

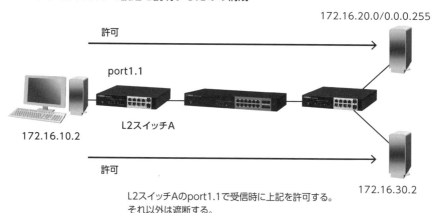

172.16.20.0/0.0.0.255

許可

port1.1

L2スイッチA

172.16.10.2

許可

172.16.30.2

L2スイッチAのport1.1で受信時に上記を許可する。
それ以外は遮断する。

その時の設定は、以下のとおりです。

```
SWX3110(config)# access-list 1 permit any host 172.16.10.2 172.16.20.0
0.0.0.255                                                              ①
SWX3110(config)# access-list 1 permit any host 172.16.10.2 host 172.1
6.30.2                                                                 ②
SWX3110(config)# access-list 1 deny any any any                        ③
SWX3110(config)# interface port1.1
SWX3110(config-if)# access-group 1 in                                  ④
```

① access-list 1 permit any host 172.16.10.2 172.16.20.0 0.0.0.255

アクセスリスト番号1を指定しています。また、プロトコルはany、送信元はhostキーワードを利用して172.16.10.2を指定しています。宛先は、ワイルドカードマスクを利用して172.16.20.0から255の範囲を指定しています。これらの通信をpermitで許可するよう設定しています。

② access-list 1 permit any host 172.16.10.2 host 172.16.30.2

アクセスリスト番号1を指定しています。また、プロトコルはany、送信元は

host キーワードを利用して 172.16.10.2 にしています。宛先は、172.16.30.2 です。これらの通信を permit で許可するよう設定しています。

③ access-list 1 deny any any any

①と②以外の通信は、すべて遮断する設定です。暗黙の遮断はないので、明示的に deny で遮断が必要です。

④ access-group 1 in

アクセスリスト番号 1 を受信時に適用しています。

IPv4 アクセスリストのコマンド形式は、以下のとおりです。

---

access-list　アクセスリスト番号 [シーケンス番号] 許可・遮断 プロトコル 送信元 IP アドレス [送信元ポート番号] 宛先 IP アドレス [宛先ポート番号]

アクセスリスト番号は、1 から 2000 が使えます。

シーケンス番号は、同じアクセスリスト番号の中で判定するエントリーの順番を指定します。シーケンス番号を指定せずに同じアクセスリスト番号で設定すると、エントリーの最後にシーケンス番号が 10 加算されて追加されます。シーケンス番号が小さいエントリーが先に判定され、一致すると後は判定されないため、先に判定させたい場合は小さなシーケンス番号を指定します。

それ以外の項目の説明は、以下のとおりです。

■ IPv4 アクセスリストの設定内容

項目	説明
遮断・許可	deny を指定すると遮断、permit を指定すると許可になります。
プロトコル	tcp を指定すると TCP 通信、udp を指定すると UDP 通信、all を指定するとすべての通信が対象になります。
送信元 IP アドレス 宛先 IP アドレス	これまで説明した指定方法以外では、any を指定するとすべてになります。
送信元ポート番号 宛先ポート番号	プロトコルで tcp や udp を指定した時に使えます。eq ポート番号と指定します (例：eq 80)。

ip access-group コマンドは、指定したアクセスリスト番号をポートに in (受信) か out (送信) 時に適用します。各ポートで in と out それぞれ 1 つだけ設定できます。

設定した ACL は、show access-list で確認できます。

```
SWX3100# show access-list
IPv4 access list 1
    10 permit any host 172.16.10.2 172.16.20.0 0.0.0.255 [match= 4]
    20 permit any host 172.16.10.2 host 172.16.50.1 [match= 2]
    30 deny any any any [match= 468]
```

　各エントリー左の10と20、30がシーケンス番号です。もし、追加するエントリーを20より先に判定させたい場合、シーケンス番号を15などにして設定します。

　また、matchの後の数字が、そのシーケンス番号の設定に一致したパケット数です。意図したとおりに許可・遮断されていない時に、どの設定で数字が増えているか確認すれば、設定ミスなどを見つけやすくなります。

5.8.2　MACアクセスリストの設定

　ヤマハLANスイッチでは、アクセスリストをMACアドレスで指定することもできます。

　例として、11:ff:11:ff:11:ffから22:ff:22:ff:22:ffへの通信だけ遮断する設定を示します。

```
SWX3110(config)# access-list 2001 deny host 11ff.11ff.11ff host
22ff.22ff.22ff
SWX3110(config)# interface port1.1
SWX3110(config-if)# access-group 2001 in
```

　MACアドレスを指定する時のコマンド形式は、以下のとおりです。

> access-list ACL番号 [シーケンス番号] 許可・遮断 送信元MACアドレス 宛先MACアドレス

　項目の意味は、IPv4アクセスリストの時と同じです。ルーターのMACアドレスを宛先で指定すれば、ルーティングだけできないようにできます。

　MACアクセスリストは、アクセスリスト番号として2001〜3000が使えます。また、IPv4アクセスリストの時と同じで、show access-listで設定したアクセスリストを確認できます。

5.8.3　ポート認証の設定

　今回は、IEEE802.1X 認証の設定方法を説明します。LAN スイッチの port1.1 で有効にする前提とします。設定情報は、以下のとおりです。

- ・RADIUS サーバーの IP アドレス：172.16.100.2
- ・RADIUS サーバーと通信するためのパスワード：pass01
- ・ホストモード：マルチホストモード
- ・認証 VLAN を利用する
- ・ゲスト VLAN：100

　設定は、以下のとおりです。先に、利用する VLAN は作成しておく必要があります。

```
SWX3110(config)# aaa authentication dot1x                        ①
SWX3110(config)# radius-server host 172.16.100.2 key pass01      ②
SWX3110(config)# interface port1.1
SWX3110(config-if)# auth host-mode multi-host                    ③
SWX3110(config-if)# dot1x port-control auto                      ④
SWX3110(config-if)# auth dynamic-vlan-creation                   ⑤
SWX3110(config-if)# auth guest-vlan 100                          ⑥
```

① aaa authentication dot1x
　LAN スイッチ全体で IEEE802.1X を有効にしています。

② radius-server host 172.16.100.2 key pass01
　RADIUS サーバーの IP アドレスとパスワードを設定しています。

③ auth host-mode multi-host
　ホストモードをマルチホストモードに設定しています。multi-host の代わりに single-host を指定するとシングルホストモード（デフォルト）、multi-supplicant を指定するとマルチサプリカントモードに設定されます。

④ dot1x port-control auto
　port1.1 で IEEE802.1X を有効にしています。

⑤ auth dynamic-vlan-creation
　認証 VLAN を有効にしています。

⑥ auth guest-vlan 100
　ゲスト VLAN として VLAN100 を設定しています。

もし、認証VLANを使わない場合は⑤を設定しません。その場合、switchport access vlanでポートに割り当てられているVLANを使います。ゲストVLANを使わない場合は、⑥を設定しません。その場合、認証に失敗するとネットワークが使えません。

5.8.4 ポートセキュリティの設定

ポートセキュリティとは、LANスイッチに登録したMACアドレスのフレームだけ通信を許可する機能です。

MAC認証では、RADIUSサーバーで一括認証するため、RADIUSサーバーに登録しておけば、どのLANスイッチに接続しても認証されます。ポートセキュリティでは、1台1台にMACアドレスの登録が必要です。

以下は、設定例です。

```
SWX3110(config)# port-security mac-address 11ff.11ff.11ff forward
port1.1 vlan 10                                                    ①
SWX3110(config)# interface port1.1
SWX3110(config-if)# port-security enable                           ②
SWX3110(config-if)# port-security violation shutdown               ③
```

①port-security mac-address 11ff.11ff.11ff forward port1.1 vlan 10

port1.1で許可するVLANは10、MACアドレスは11ff:11ff:11ffと登録しています。先に、port1.1にswitchport access vlan 10でVLANを割り当てておく必要があります。

②port-security enable

port1.1に対して、ポートセキュリティを有効にしています。

③port-security violation shutdown

登録していないMACアドレスのフレームを受信した際、port1.1をダウンさせるよう設定しています。デフォルトはdiscardで、フレームを破棄してポートのダウンまではしません。

ポートセキュリティによって(設定していないMACアドレスで通信があって)ダウンしたポートは、show port-security status コマンドで確認できます。

```
SWX3100# show port-security status
Port      Security  Action    Status    Last violation
--------  --------  --------  --------  -----------------
port1.1   Enabled   Shutdown  Shutdown  ff11:ff11:ff11
port1.2   Disabled  Discard   Normal
port1.3   Disabled  Discard   Normal
port1.4   Disabled  Discard   Normal
port1.5   Disabled  Discard   Normal
port1.6   Disabled  Discard   Normal
port1.7   Disabled  Discard   Normal
port1.8   Disabled  Discard   Normal
port1.9   Disabled  Discard   Normal
port1.10  Disabled  Discard   Normal
```

各項目は以下を意味します。

■show port-security statusの説明

項目	説明
Security	Enableはポートセキュリティが有効、Disableは無効を意味します。
Action	許可しない MAC アドレスからの通信があった時の動作を示します。Discard はフレームの破棄、Shutdown はポートのダウンを意味します。
Status	現在のポートの状態を示します。Normal がフレームを転送している状態、Blocking はフレーム破棄、Shutdown はポートダウンの状態を示します。
Last violation	最後に受信した許可しない MAC アドレスを示します。

つまり、今回の表示例では、port1.1 がポートセキュリティでダウンしていることがわかります。ダウンしたポートは、no shutdown コマンドでアップさせることができます。

```
SWX3100(config)# interface port1.1
SWX3100(config-if)# no shutdown
```

アップした後も、再度通信があるとダウンするため、必要であれば port-security mac-address コマンドで MAC アドレスを登録します。

5.8 ヤマハ LAN スイッチのセキュリティ機能設定　まとめ

- ●ヤマハ LAN スイッチでは、静的 IP フィルタリングを設定するために IPv4 アクセスリストを使う。
- ●ヤマハ LAN スイッチでは、MAC アドレスを対象にした MAC アクセスリストも使える。
- ●ポート認証では、装置全体で有効にした後、利用するインターフェース単位に有効にする必要がある。
- ●ヤマハ LAN スイッチでは、ポートセキュリティによって登録した MAC アドレスだけ通信を許可させることができる。

5.9 ヤマハ無線LANアクセスポイントのセキュリティ機能設定

ヤマハ無線 LAN アクセスポイントが実装しているセキュリティ機能について、設定方法を説明します。

5.9.1　RADIUS 認証の設定

ヤマハ無線アクセスポイントでは、RADIUS サーバーと連携して認証することもできます。

今まで説明した無線 LAN アクセスポイントの設定では、事前共有鍵が一致していれば無線 LAN アクセスポイントに接続できました。多くの人が利用する場合に事前共有鍵を採用すると、パソコンで設定してもらうために公開しなければいけません。公開の仕方によっては事前共有鍵が外部の人に知られてしまう可能性があり、その場合は盗聴や内部ネットワークへの接続を許してしまいます。

RADIUS サーバーと連携して認証すれば、ユーザー ID とパスワードで認証できます。このため、事前共有鍵を公開する必要がありません。

2章のネットワークで言えば、社員用の SSID で RADIUS 認証を使い、ゲスト用の SSID で事前共有鍵を使うというパターンがよくあります。

また、ヤマハ無線 LAN アクセスポイントは、RADIUS サーバー機能も実装しているため、別途 RADIUS サーバーを必要としません。

次からは、RADIUS サーバー、VAP の順に設定方法を説明します。

RADIUS サーバーの設定

RADIUS サーバーの設定は、仮想コントローラーの Web GUI で「拡張機能」→「RADIUS サーバー」を選択して行います。

■RADIUSサーバー(RADIUS認証：サーバー設定)画面

RADIUS サーバー機能で "使用にする" を選択します。その後、「設定」ボタンをクリックすると、この画面に戻ります。

ユーザーの登録は、「管理ページへ」ボタンをクリックして表示された画面で、「ユーザー情報を追加、削除する」の右にある「追加」ボタンをクリックして表示される次の画面で行います。

■RADIUSサーバー(RADIUS認証：ユーザー情報)画面

ユーザー情報

認証タイプ	⦿ 無線端末の認証　　　◯ SWXシリーズの端末認証
認証方式	パスワード(PEAP/EAP-MD5) ⌄
ユーザーID	user01
新パスワード	••••••••••
確認用パスワード	••••••••••
名前	（省略可）
ユーザータグ	（省略可）
MACアドレス	（省略可）
接続SSID	（省略可）
証明書送信メールアドレス	（省略可）
証明書有効期限	（省略可）
VLAN ID	（省略可）

設定　　キャンセル

「認証方式」で"パスワード(PEAP/EAP-MD5)"を選択します。また、「ユーザーID」、「パスワード」、「確認パスワード」を入力して「設定」ボタンをクリックすると、元の画面に戻ります。ここで、さらにユーザーを追加することもできます。

　画面左から「設定送信」を選択し、表示された画面で「送信」ボタンを押すと、設定が反映されます。

　なお、「認証タイプ」で"SWXシリーズの端末認証"を選択すると、LANスイッチでポート認証する時のRADIUSサーバーとして使えます。また、SWX3220-16MTでもRADIUSサーバー機能を持っているため、Web GUIで設定するとこの画面とほとんど同様の設定で認証が行えます。

VAP の設定

　無線 LAN と RADIUS サーバーの連携設定は、「無線設定」→「共通」→「SSID 管理」の順に選択して表示される画面で、設定する SSID を選択して表示される SSID 管理画面で行います。

■SSID管理画面（RADIUS連携）

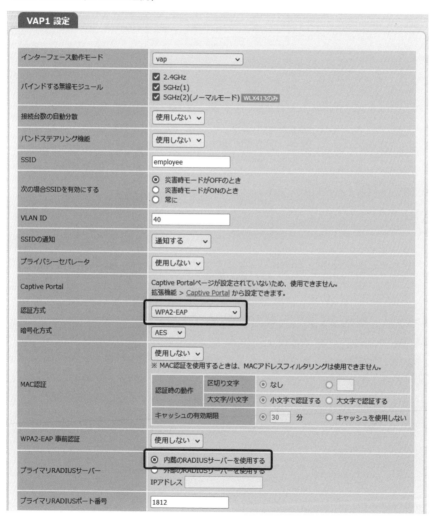

これまでの設定と違う部分だけ説明します。

「認証方式」で "WPA2-EAP" を選択します。これまで、WPA2-PSK (事前共有鍵など を使って共同で利用する) で設定してきました。これに対して、複数のユーザー ID を 認証して使うのが WPA2-EAP です。また、「プライマリ RADIUS サーバー」で " 内蔵の RADIUS サーバーを使用する " を選択します。

その後、画面上で「設定送信」を選択し、表示された画面で「送信」ボタンをクリッ クすると、設定が反映されます。

これで、パソコン側も認証が使えるように設定すると、SSID を選択した時にユーザー ID とパスワードを聞かれるようになります。

参考のため、ヤマハ公式サイトにある Windows 10 の設定手順のページを以下に記 載します。

```
https://network.yamaha.com/setting/wireless_lan/wireless_
terminal/airlink-windows10_eap
```

なお、「プライマリ RADIUS サーバー」のところで、" 外部の RADIUS サーバーを使 用する " を選択して IP アドレスを入力すれば、他の RADIUS サーバーで認証ができます。

5.9.2　MAC 認証の設定

RADIUS 認証を行う時、MAC 認証も行うことができます。MAC 認証とは、設定し た MAC アドレスと異なる場合は接続を拒否する機能です。つまり、ユーザー ID とパ スワードだけでなく、MAC アドレスでも認証が行えるため、よりセキュリティが強固 になります。

次からは、RADIUS 認証の設定が完了している前提で、RADIUS サーバー、VAP の 順に設定方法を説明します。

RADIUS サーバーの設定

MAC アドレスの登録は、「ユーザー情報を追加、削除する」の右にある「追加」ボタ ンを押して表示される次ページの画面で行います。

■RADIUSサーバー(MAC認証：ユーザー情報)画面

ユーザー情報	
認証タイプ	⦿ 無線端末の認証　○ SWXシリーズの端末認証
認証方式	MAC認証(PAP) ▽
ユーザーID	11ff11ff11ff
新パスワード	
確認用パスワード	
名前	(省略可)
ユーザータグ	(省略可)
MACアドレス	(省略可)
接続SSID	(省略可)
証明書送信メールアドレス	(省略可)
証明書有効期限	(省略可)
VLAN ID	(省略可)

設定　キャンセル

「認証方式」で "MAC 認証 (PAP)" を選択します。ユーザー ID で MAC アドレスを入力します。デフォルトでは、小文字でコロン (:) などの区切り文字を使わずに入力が必要です。

MAC 認証を使う時、少なくとも RADIUS 認証で説明したユーザー ID とパスワードの登録と、この MAC アドレスの登録、両方が必要です。両方で認証されるということです。

VAP の設定

無線 LAN と RADIUS サーバーの連携設定は、「無線設定」→「共通」→「SSID 管理」の順に選択して表示された画面で、設定する SSID を選択して表示される SSID 管理画面で行います。

■SSID管理画面（MAC認証：RADIUS連携）

認証方式	WPA2-EAP ∨
暗号化方式	AES ∨
MAC認証	使用する ∨ ※MAC認証を使用するときは、MACアドレスフィルタリングは使用できません。

MAC認証	認証時の動作	区切り文字	◉ なし ◯ □
		大文字/小文字	◉ 小文字で認証する ◯ 大文字で認証する
	キャッシュの有効期限		◉ 30 分 ◯ キャッシュを使用しない

「認証方式」で"WPA2-EAP"を選択するのは、先ほどと同じです。違う部分は、「MAC認証」で"使用する"を選択します。それ以外の設定項目の説明は、以下のとおりです。

■MAC認証の設定項目

設定項目		説明
認証時の動作	区切り文字	RADIUSサーバーにMACアドレスをユーザーとして送信する時、区切り文字なしとするか、コロンなど区切り文字を入れるのかを設定します。
	大文字/小文字	RADIUSサーバーにMACアドレスをユーザーとして送信する時、大文字で送信するのか小文字で送信するのかを選択できます。
キャッシュの有効期限		認証が成功・失敗した時、その情報を保持する時間です。

「区切り文字」や「大文字/小文字」は、RADIUSサーバー側の設定と一致させる必要があります。例えば、「区切り文字」でコロンを設定し、「大文字/小文字」で大文字を選択した場合、RADIUSサーバー側ではユーザーIDで"11:FF:11:FF:11:FF"のようにMACアドレスを入力する必要があります。

　キャッシュの有効期限は、認証が一度成功すると指定した時間は再認証せずに通信が可能になります。認証が失敗した時も、指定した時間は認証せずにそのMACアドレスからの無線LAN接続は失敗します。

　設定後、画面上で「設定送信」を選択し、表示された画面で「送信」ボタンをクリックすると、設定が反映されます。

　端末からの接続は、RADIUS認証の時と同じです。ユーザーIDとパスワードを入力すれば接続できます。その時、MACアドレスが登録されていないと、接続できません。

5.9.3 AP間プライバシーセパレーターの設定

プライバシーセパレーター機能とは、無線 LAN を利用している端末間で通信ができないようにする機能です。ヤマハ無線アクセスポイントでは、異なる無線 LAN アクセスポイント間でも端末間で通信ができないようにします。

■AP間プライバシーセパレーターの機能

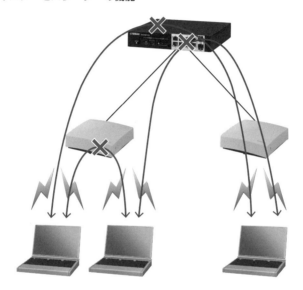

これは、VAP（SSID）が異なっても有効で、どちらかの VAP で AP 間プライバシーセパレーター機能が有効になっていると、端末間で通信ができません。

AP 間プライバシーセパレーターの設定は、すでに説明した「無線設定」→「共通」→「SSID 管理」で行います。

■SSID管理画面（AP間プライバシーセパレーター）

VLAN ID	1
SSIDの通知	通知する ∨
プライバシーセパレータ	使用する ∨
Captive Portal	Captive Portalページが設定されていないため、使用できません。 拡張機能 > Captive Portal から設定できます。

「プライバシーセパレーター」で"使用する"を選択します。デフォルトは、"使用しない"です。その後、「設定」ボタンをクリックした後、設定送信します。

5.9.4　MACアドレスフィルタリングの設定

MACアドレスフィルタリングは、端末のMACアドレスによって接続を許可、または拒否する機能です。MAC認証が、RADIUS認証(WPA2-EAPなど)で使われるのに対して、MACアドレスフィルタリングは事前共有鍵(WPA2-PSKなど2章の設定内容)で設定する時に使います。

設定は、「無線設定」→「共通」→「SSID管理」で行います。

■「SSID管理」画面（MACアドレスフィルタリング）

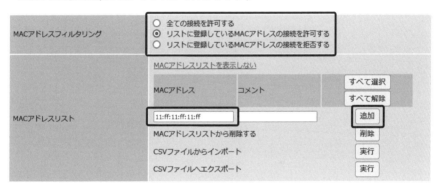

「MACアドレスリスト」の項目で、「MACアドレス」の下にMACアドレスを入力します。MACアドレスは、2桁単位にコロン(:)で区切って入力が必要です。英字は、大文字も小文字も使えます。その後、「追加」ボタンをクリックすると、下に追加したMACアドレスが表示されます。登録は、複数行えます。

その後、「MACアドレスフィルタリング」の項目で、登録したMACアドレスの機器だけ接続を許可したい場合は、「リストに登録しているMACアドレスの接続を許可する」にチェックします。登録したMACアドレスの機器から接続を拒否したい場合は、「リストに登録しているMACアドレスの接続を拒否する」にチェックします。

画面を下にスクロールして「設定」ボタンをクリックした後、設定送信します。

5.9.5　ステルス SSID の設定

SSIDはビーコンで送信されますが、SSIDをビーコンで送信しないようにもできます。これを、ステルス SSID と言います。

これまで、パソコンなどから無線 LAN に接続する時、表示された SSID から選択して接続すると説明してきました。ステルス SSID の場合、パソコンには設定した SSID が表示されません。このため、SSIDを入力して接続する必要があります。SSIDを入力する必要があるため、SSIDを知っている人以外は接続が難しくなります。

ステルス SSID は、SSIDを追加するときの「SSID 管理」画面で設定できます。この画面の「SSIDの通知」で、"非通知にする"を選択すればいいだけです。

■「SSID管理」画面（SSIDの通知）

デフォルトは、"通知する"です。つまり、デフォルトではパソコンなどで SSID の一覧に表示され、選択して接続できます。

| **5.9** | **ヤマハ無線LANアクセスポイントのセキュリティ機能設定 まとめ** |

- ●ヤマハ無線 LAN アクセスポイントでは、RADIUS 認証によってユーザー単位の認証ができる。
- ●MAC 認証を使えば MAC アドレスでも認証がされて、セキュリティが強化される。
- ●MAC アドレスフィルタリングを使えば、登録した MAC アドレスだけ接続許可、または拒否する設定ができる。
- ●ステルス SSID にすれば、端末から SSID が確認できなくなる。

5.10 UTM

さまざまなセキュリティ対策を行うためには、複数の機器を導入する必要がありますが、それを1台で対応できると便利です。

本章では、UTM（Unified Threat Management）について説明します。

5.10.1 UTMとは

UTMとは、複数のセキュリティ対策を統合的（集中的）に行えるようにすることを言います。また、UTMの機能に特化した製品をUTMアプライアンスと言います。UTMアプライアンスは、複数のセキュリティ機能を1台の機器でまかなうことができます。

■UTMの概要

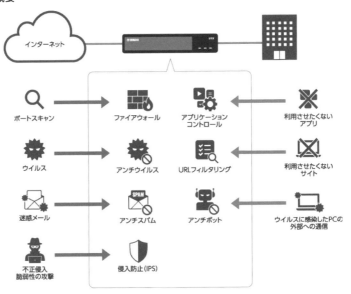

（ヤマハ公式サイトより　https://network.yamaha.com/lp/utx200_100）

　UTMではなく、複数の機器でセキュリティ対策を行おうとした場合、以下のような構成になります。

■UTMを使わない時の構成

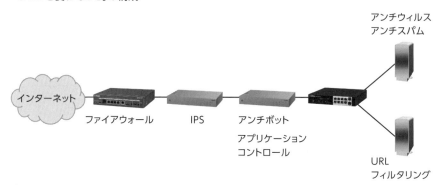

　この場合、各サーバーをOS(Operating System)から構築して、IPアドレスの設定が必要です。また、メールはアンチウイルスとアンチスパムサーバーを経由させるが、Webサーバーとの通信はURLフィルタリングを経由させるなど、通信経路も設計しなくてはいけません。各機器を冗長化するとなると、さらに複雑です。

　構築後の運用に関しても、1台1台障害監視して、パッチをあてたりする必要もあって、コストも膨らみます。

　UTMを導入すれば、これらの複雑性を排除し、コストを削減できるといったメリットがあります。

　次からは、ヤマハUTMアプライアンスが持つ機能について説明します。

- **● ファイアウォール**
すでに説明したとおり、フィルタリングによってパケットを許可・遮断する機能です。
- **● アンチウイルス**
ウイルスが添付されたメールやダウンロードファイルなどを検知し、ブロックしたりします。
- **● アンチスパム**
スパムメール(迷惑メール)を検知して、ブロックしたりメールの件名で注意をうながす記述を追加したりします。
- **● IPS(Intrusion Prevention System)**
ファイアウォールで許可された通信であっても、攻撃と検知した通信を自動で遮断することができます。

- **アプリケーションコントロール**

業務上必要なアプリケーションの通信だけを許可して、その他のアプリケーションの通信を遮断することができます。

- **URL フィルタリング**

悪意ある Web サイトや、有害な Web サイトへの通信を遮断することができます。

- **アンチボット**

ボットに感染した端末の通信を検知し、遮断することができます。ボットは、ウイルスの一種で、感染するとインターネットから遠隔操作ができるようになってしまいます。

5.10.2　ルーターモードとブリッジモード

ヤマハ UTM アプライアンスでは、ルーターモードとブリッジモードの 2 つの利用形態があります。次からは、それぞれのモードについて説明します。

ルーターモード

ルーターモードは、UTM アプライアンスでルーティングを行うモードです。

ルーターモードは、利用できる機能の制限がほとんどありません。このため、新規にネットワークを構築する時や、大きくネットワークを変更する時に、インターネットとの接続口に設置して利用します。

■ルーターモードの利用例

ルーターモードであれば、拠点間接続 VPN やリモートアクセス VPN も利用できます。

ブリッジモード

　ブリッジモードは、UTMアプライアンスでルーティングを行わないモードです。ルーティングの観点だけで言えば、L2スイッチと同じです。

　ブリッジモードは、VPNが使えないなど一部機能に制限がありますが、既存のネットワークに追加しても周囲の機器を設定変更せずに設置できるメリットがあります。

■ブリッジモードの利用例

　上記のように追加した時、ルーターモードで利用すると、周囲の機器でIPアドレスや静的ルーティングの設定変更が必要になります。(例:L2スイッチのIPアドレスを、192.168.100.2/24から192.168.101.2/24に変更する。L2スイッチに接続されたパソコンやサーバー、ルーターのIPアドレスも変更するなど、ネットワークによっては大きな変更が発生します。)

　ブリッジモードであれば、この変更は不要です。インターネットとの接続やVPNについては、既存のルーターが引き続き行います。つまり、あまり環境を変えずにUTM機能を追加(セキュリティ対策を強化)することが可能です。

　また、ブリッジモードであればL2MSが利用できます。このため、ヤマハルーターからLANマップを使って一元管理することもできます。

5.10　UTM　まとめ

- UTMアプライアンスを導入すれば、複数のセキュリティ機能を1台でまかなえる。
- ヤマハUTMアプライアンスは、ルーティングを行うルーターモード、ルーティングを行わないブリッジモードのどちらかで動作する。

問1 情報セキュリティの7要素は、機密性、完全性、可用性、責任追跡性、信頼性、否認防止ともう1つは何ですか？

a) 技術的対策

b) 真正性

c) ゼロトラスト

d) 不可逆性

問2 LAN スイッチの ACL で、**172.16.10.2から172.16.20.0/24への通信を対象 (許可) とする設定はどれですか？**

a) `access-list 1 permit any 172.16.10.2 172.16.20.0 0.0.0.255`

b) `access-list 1 permit any host 172.16.10.2 172.16.20.0`
`255.255.255.0`

c) `access-list 1 permit any host 172.16.10.2 172.16.20.0 0.0.0.255`

d) `access-list 1 deny any 172.16.10.2 172.16.20.0 0.0.0.255`

解答

問1　正解は、b) です。

a) は、セキュリティ対策の基本ですが、7要素ではありません。**c)** は、安全なところはないという考えでセキュリティを考える必要があることを意味しています。**d)** は、元の状態に戻せないことを意味しますが、7要素ではありません。

問2　正解は、c) です。

a) は、host キーワードがありません。**b)** は、ワイルドカードマスクではなく、サブネットマスクで指定しています。**d)** は、permit ではなく deny にしています。また、host キーワードもありません。

参考情報

参考情報 1　フレーム構造

TCP/IPで通信する時のフレーム構造は、以下のとおりです。

■タグなしのフレーム構造

宛先 MAC アドレス	送信元 MACアドレス	タイプ	ペイロード	FCS
6 byte	6 byte	2 byte	46 〜 1500 byte	4 byte

■タグ付きのフレーム構造

宛先 MAC アドレス	送信元 MACアドレス	タグ	タイプ	ペイロード	FCS
6 byte	6 byte	4 byte	2 byte	46 〜 1500 byteyte	4 byte

TPID	PCP	CFI	VID
16 bit	3 bit	1 bit	12 bit

それぞれの意味は、以下のとおりです。

■フレーム構造の説明

項目	説明
宛先 MAC アドレス	通信先の MAC アドレス
送信元 MAC アドレス	通信元の MAC アドレス
TPID(Tag Protocol Identifier)	タグ付きであることを示す 8100(16 進数) が入る
PCP(Priority Code Point)	CoS 値
CFI(Canonical Format Indicator)	イーサネットでは 0
VID(VLAN Identifier)	VLAN ID
タイプ	ペイロード部分のプロトコルを示す。IP であれば、0800(16 進数)。
FCS(Frame Check Sequence)	フレームのエラー検知用
ペイロード	送信するデータ。IP 通信であれば、パケットが入る。

パケット構造は、以下のとおりです。

■パケット構造

バージョン	ヘッダー長	Tos、または DS	パケットの長さ
4 bit	4 bit	8 bit	16 bit

ID		フラグ	フラグメントオフセット
16 bit		3 bit	13 bit

TTL	プロトコル番号	チェックサム
8 bit	8 bit	16 bit

送信元 IP アドレス
32 bit

宛先 IP アドレス
32 bit

オプション
32 bit(可変)

ペイロード
可変

■ToSの場合

Precedence	ToS	MBZ
3 bit	4 bit	1 bit

■DS(DiffServ)の場合

DSCP	ECN
6 bit	2 bit

それぞれの意味は、以下のとおりです。

■パケット構造の説明

項目	説明
バージョン	バージョン (IPv4 では 4)
ヘッダー長	IP ヘッダーの長さ (オプションまでの長さ)
ToS、または DS	次からの表で説明
パケットの長さ	ペイロード含めた長さ
ID	通信が進むにつれて増加する値
フラグ	パケット分割可否
フラグメントオフセット	パケットの分割箇所を示す
TTL	ループでパケットが永遠に残らないよう、経由するルーターが多いと破棄するために利用
プロトコル番号	ペイロード部分のプロトコルを示す。TCP であれば 6、UDP であれば 17(10 進数)。
チェックサム	エラー検知用
送信元 IP アドレス	送信元の IP アドレス
宛先 IP アドレス	宛先の IP アドレス
オプション	必要に応じて利用
ペイロード	送信するデータ。TCP や UDP、ICMP などが入る。

ToS の場合の意味は、以下のとおりです。

■ToSの説明

項目	説明
Precedence	Precedence 値
ToS	低遅延や高信頼など要求するタイプを示す
MBZ(Must Be Zero)	未使用で 0

DS の場合の意味は、以下のとおりです。

■DSの説明

項目	説明
DSCP	DSCP 値
ECN(Explicit Congestion Notification)	輻輳した時に通知するために利用 (輻輳すると 11 で通知)

TCP の構造は、以下のとおりです。

■ セグメント構造

送信元ポート番号	送信先ポート番号
16 bit	16 bit

シーケンス番号
32 bit

ACK 番号
32 bit

サイズ	予約	フラグ	ウィンドウサイズ
4 bit	3 bit	9 bit	16 bit

チェックサム	緊急ポインター
16 bit	16 bit

オプション
可変

データ
ペイロード

それぞれの意味は、以下のとおりです。

■ セグメント構造の説明

項目	説明
送信元ポート番号	送信元ポート番号
送信先ポート番号	送信先ポート番号
シーケンス番号	通信が進むと増える番号
ACK 番号	受信できたことを示す番号
サイズ	TCP ヘッダーの長さ（オプションまでの長さ）

予約	常に 0
フラグ	SYN や ACK などを示す
ウィンドウサイズ	一度に送信できるサイズ (ウィンドウ制御)
チェックサム	エラー検知用
緊急ポインター	緊急で処理するデータの位置
ペイロード	送信するデータ

参考情報 4　UDP の構造

UDPの構造は、以下のとおりです。

■UDPの構造

送信元ポート番号	送信先ポート番号
16 bit	16 bit

サイズ	チェックサム
16 bit	16 bit

ペイロード
可変

それぞれの意味は、以下のとおりです。

■UDP構造の説明

項目	説明
送信元ポート番号	送信元ポート番号
送信先ポート番号	送信先ポート番号
サイズ	ペイロード含めた長さ
チェックサム	エラー検知用
ペイロード	送信するデータ

コマンド索引

用語索引

英数字

[著者紹介] のびきよ

2004年に「ネットワーク入門サイト（https://beginners-network.com/）」を立ち上げ、初心者にもわかりやすいようネットワーク全般の技術解説を掲載中。 その他、「ホームページ入門サイト（https://beginners-hp.com/）」など、技術系サイトの執筆を中心に活動中。著書に、『現場のプロが教える！ネットワーク運用管理の教科書』、『ヤマハルーターでつくるインターネット VPN』、『ネットワーク入門・構築の教科書』(マイナビ出版)、『図解即戦力 ネットワーク構築＆運用がこれ1冊でしっかりわかる教科書』(技術評論社)がある。

ブックデザイン：Dada House

ヤマハルーター＆スイッチによる
ネットワーク構築 標準教科書
[YCNE Standard ★★ 対応]

2022年10月31日　初版第1刷発行
2024年10月25日　　　第5刷発行

著　者………のびきよ
監　修………ヤマハ株式会社
発行者………角竹輝紀
発行所………株式会社 マイナビ出版
　　　　　　　〒101-0003 東京都千代田区一ツ橋2-6-3 一ツ橋ビル2F
　　　　　　　TEL：0480-38-6872 (注文専用ダイヤル)
　　　　　　　TEL：03-3556-2731 (販売部)
　　　　　　　TEL：03-3556-2736 (編集部)
　　　　　　　E-mail：pc-books@mynavi.jp
　　　　　　　URL：https://book.mynavi.jp
印刷・製本……株式会社ルナテック

©2022 のびきよ　　Printed in Japan.
ISBN 978-4-8399-8030-6